Schnell ans Ziel mit LaTeX 2ε

von

Jörg Knappen

3., überarbeitete Auflage

Oldenbourg Verlag München

Jörg Knappen studierte an der Johannes Gutenberg-Universität Mainz Physik. Er entwickelte mehrere Schriftfamilien in Metafont, nämlich die fc-Schriften für afrikanische Sprachen im Jahr 1992 und die ec-Schriften (Europäische Computer Modern-Schriften) sowie die tc-Schriften (Textsymbole) von 1994 bis 1996.

Bibliografische Information der Deutschen Nationalbibliothek

Die Deutsche Nationalbibliothek verzeichnet diese Publikation in der Deutschen Nationalbibliografie; detaillierte bibliografische Daten sind im Internet über <http://dnb.d-nb.de> abrufbar.

Rosenheimer Straße 145, D-81671 München
Telefon: (089) 45051-0
oldenbourg.de

Lektorat: Dr. Margit Roth
Herstellung: Anna Grosser
Coverentwurf: Kochan & Partner, München
Gedruckt auf säure- und chlorfreiem Papier
Druck: Grafik + Druck, München
Bindung: Thomas Buchbinderei GmbH, Augsburg

ISBN 978-3-486-59015-9

Inhaltsverzeichnis

Tabellenverzeichnis

Abbildungsverzeichnis

Beispielverzeichnis

Vorwort

LaTeX ist ein hervorragendes freies Programm zum Satz von längeren und strukturierten Texten wie Bachelor- und Master-Arbeiten, aber auch von ganzen Büchern. Es funktioniert gleichermaßen auf dem PC, dem MAC, auf Linux-Rechnern und auf vielen anderen Rechnern. Dabei ist es zu 100 % portabel. Das bedeutet, dass LaTeX mit der gleichen Eingabe überall die gleiche Ausgabe erzeugt, unabhängig von Betriebssystem, Druckertreiber und anderen Faktoren.

Im Bereich Formelsatz ist LaTeX konkurrenzlos, aber auch bei Texten ohne Formeln sind die Ergebnisse von hoher Qualität. Wenn heute irgendwo im Netz über Formeln gesprochen wird, spricht man LaTeX; auch die freie Enzyklopädie Wikipedia verwendet LaTeX für Formeln.

Ein weiterer Pluspunkt von LaTeX ist der Satz der verschiedensten Sprachen der Welt. Es kann beliebige Akzente auf jeden Buchstaben setzen und für andere Schriften wie Kyrillisch, Griechisch und Arabisch gibt es freie Zusatzpakete.

Dieses Buch

Dieses Buch lehrt LaTeX von Anfang an, außer einer gewissen Grundvertrautheit mit dem Computer wird nichts vorausgesetzt. Es zeigt ausgehend von der konkreten Anwendung Lösungen, die LaTeX in seiner vollen Breite zeigen. Von Fall zu Fall werden ausgewählte Erweiterungspakete vorgestellt.

Das Buch erhebt keinen Anspruch auf Vollständigkeit. Selten gebrauchte Befehle und Befehlsvarianten sind weggelassen, und auch die zusätzlichen Pakete sind nur in Ausschnitten dargestellt.

Es gibt für LaTeX integrierte Entwicklungsumgebungen, die das Arbeiten erleichtern. Hier sind TeXnicCenter für

Windows, TEXShop für MAC OS X, Kile für Linux und Lyx erwähnenswert. Diese Umgebungen sind hier nicht besprochen. Wenn nötig, wird der Aufruf von LATEX und anderen Progammen von der Kommandozeile dargestellt.

Dank

Ich danke Petra Dünges, Michael Hofmann und Richard Kreckel, die die Rohfassung dieses Buches gelesen haben und viele gute Anregungen und Verbesserungen eingebracht haben. Alle verbleibenden Fehler und Unklarheiten liegen allein in meiner Verantwortung.

Ich wünsche den Lesern viel Spaß mit diesem Buch und mit LATEX 2_ε.

Saarbrücken, Mai 2009

Intro

1.1 The Name of the Game

1.1.1 TeXund pdfeTeX

TeX leitet sich vom griechischen Wort $\tau\epsilon\chi\nu\eta$ her und wird daher wie die erste Silbe in »Technik« ausgesprochen. TeX wurde in den Jahren 1978–83 von Donald E. Knuth (Stanford University) entwickelt und der Allgemeinheit kostenlos zur Verfügung gestellt. TeX ist für nahezu jedes denkbare Rechnersystem (vom Atari über den PC unter DOS oder Windows, UNIX- und VMS-Workstations bis hin zu Superrechnern) erhältlich, wobei sowohl freie als auch kommerzielle Versionen existieren. TeX ist in seiner jetzigen Version eingefroren, es werden nur noch Fehler berichtigt.

TeX ist der »Motor« des Systems. Es enthält über 800 primitive Befehle (um in der bildhaften Sprache zu bleiben: »Ventile«) sowie eine vollständige Programmiersprache. Die Gleichheit aller TeX-Implementierungen auf den verschiedenen Rechnertypen wird durch einen rigorosen Test, den sogenannten `TRIP`-Test, sichergestellt. Jede Implementierung muss diesen Test durchlaufen, bevor sie den Namen TeX führen darf.

Das Programm pdfeTeX ist eine besondere TeX-Implementierung, die wichtige Erweiterungen im Vergleich zum originalen TeX aufweist. Diese werden in Abschnitt 12.4 auf Seite 155 näher beschrieben.

1.1.2 LaTeX

LaTeX, ausgesprochen »Latech«, wurde von 1982–85 von Leslie Lamport entwickelt. Es ist ein Makropaket, das auf TeX aufsetzt und die Bedienung von TeX erleichtert. Seit 1994 wird LaTeX von einem Team gewartet, welches regelmäßig

– inzwischen alle vier Jahre – eine neue Version herausbringt. Diese Versionen sind abwärts kompatibel, so dass ein in LaTeX geschriebenes Dokument dauerhaft archiviert werden kann und auch in zehn oder mehr Jahren noch ohne Probleme wiederverwendet werden kann.

Um zum Bild des letzten Abschnittes zurückzukehren: War TeX der Motor, so ist LaTeX eine komfortable Limousine, die es dem Autor erlaubt, sich bequem zurückzulehnen und sich auf seine eigentliche Aufgabe, den Inhalt seines Werkes, zu konzentrieren.

1.1.3 LaTeX 2_ε

LaTeX 2_ε (»Latech zwei E«) ist die zeitgemäße und gepflegte Version von LaTeX. Die alte Version, LaTeX 2.09, wird seit 1992 nicht mehr gewartet. Alte Dokumente kann LaTeX 2_ε in einem Kompatibilitätsmodus übersetzen. Die Erweiterungen der neuen Version stehen im Kompatibilitätsmodus nicht zur Verfügung.

1.2 Konzept

1.2.1 Visuelle und logische Auszeichnung

Einfache Wortprozessoren, wie sie etwa in den handelsüblichen Office-Paketen enthalten sind, unterstützen vor allen Dingen die *visuelle Textauszeichnung*. Das bedeutet, dass der Autor sich selbst Gedanken machen muss, wo er wie viel weißen Platz einfügen möchte, wie groß bestimmte Überschriften werden sollen etc. Bei einem längeren Text geht leicht der Zusammenhang verloren, so dass spätere Kapitel anders gestaltet werden als die am Anfang.

LaTeX unterstützt stattdessen die *logische Auszeichnung*, d. h. die Gliederung eines Textes in eine logische Struktur (Kapitel, Abschnitte etc.), und erlaubt daher die Konzentration auf den Inhalt des Textes.

Auch die Sprache HTML (*Hypertext Markup Language*), mit der Webseiten erstellt werden, der internationale Standard SGML (*Standard Generic Markup Language*) und XML (*eXtensible Markup Language*) gehen von der logischen Auszeichnung aus. Sie sind darin mit LaTeX verwandt.

1.2.2 Autor, Buch-Designer und Setzer

An der traditionellen Buchproduktion haben viele Menschen mitgewirkt. Der Autor gab ein mit Schreibmaschine geschriebenes Manuskript ab, ein Buch-Designer entwarf das Layout, ein Setzer setzte den Text nach der Vorgabe des Designers, und ein professioneller Illustrator erstellte die Abbildungen. Auch das Herstellen eines Schlagwortverzeichnisses bedeutete mühevolle Handarbeit, weshalb daran des öfteren gespart wurde.

Buch-Design und guter Satz wollen gelernt sein. Professionelle Designer achten dabei auf leichte Verständlichkeit und gute Lesbarkeit. Daraus folgen bestimmte Anforderungen an die Schriftgrößen, die Zeilenlänge und die weißen Zwischenräume, die an verschiedenen Stellen eingefügt werden müssen.

Laien machen gerade bei der visuellen Textauszeichnung oft grobe Formatierungsfehler, weil sie ein »schönes« Aussehen anstreben. Doch was als Einzelstück schön aussieht, kann die Lesbarkeit beeinträchtigen oder von der Struktur des Textes ablenken.

LaTeX übernimmt nun den Part des Setzers. Mit den vorgefertigten Standardlayouts, in die professionelles Wissen eingebaut ist, lassen sich auf einfache Weise wohlstrukturierte und gut lesbare Schriftstücke erstellen. Es bietet ferner die Hilfsmittel für die automatische Erstellung eines richtigen Inhaltsverzeichnisses, für Querverweise und zur automatischen Erstellung eines Schlagwortverzeichnisses.

1.3 Erste Texte mit LaTeX

In der Tradition vieler Computerbücher beginnt auch dieses Buch mit dem klassischen »Hallo Welt« Beispiel. Dazu wird mit dem bevorzugten Texteditor die folgende kleine Beispieldatei erstellt und dann mit dem Befehl `latex` übersetzt.

Abb. 1.1: Typische Befehlsfolge beim Arbeiten mit LaTeX 2ε (hier für Linux dargestellt)

Quelldatei bearbeiten
`vi` *`meinwerk`*`.tex`
Übersetzen
`latex` *`meinwerk`*
Betrachten am Bildschirm
`xdvi` *`meinwerk`*
Drucken
`dvips -Plp1` *`meinwerk`*

Bsp. 1.1: Hallo Welt (1)

Hallo Welt.

1

```
\documentclass{article}
\begin{document}
Hallo Welt.
\end{document}
```

Zur Ansicht des übersetzten Dokumentes auf dem Bildschirm wird nun ein *Previewer* aufgerufen, z. B. `xdvi` unter Linux oder OpenVMS oder `dviscr` unter MS-DOS. Zum Ausdrucken wird ein *Druckertreiber* aufgerufen, etwa `dvips` zum Drucken auf einem Postscript-Drucker oder `dvihplj` zum Drucken auf einem HP-Laserjet. Einzelheiten hierzu befinden sich in der Dokumentation der jeweiligen TeX-Verteilungen. Eine typische Befehlsfolge ist in Abbildung 1.1 auf Seite 6 dargestellt.

Dieses Beispiel enthält drei Befehlszeilen, die mit einem Rückwärtsschrägstrich beginnen. Diese drei Befehlszeilen bilden den Rahmen eines jeden LaTeX-Dokumentes. Der Abschnitt vor dem Befehl `\begin{document}` bildet hierbei die *Präambel* des Dokumentes. Hier sind spezielle Befehle erlaubt (z. B. `\usepackage`), die im weiteren Verlauf des Dokumentes nicht mehr vorkommen können, andererseits kann hier noch kein Text gesetzt werden. Das Dokument endet mit dem Befehl `\end{document}`. Alles, was eventuell noch dahinter steht, wird ignoriert.

Das Ergebnis des LaTeX-Laufes zeigt nicht nur den eingegebenen Text, sondern auch eine Seitenzahl unten auf der Seite. Diese wurde automatisch erzeugt.

Bei genauer Betrachtung des Ausdrucks fällt auf, dass die Seitenzahl nicht richtig in der Mitte platziert ist. Dies liegt daran, dass per Voreinstellung das amerikanische Papierformat zugrunde gelegt wird. Außerdem sollen deutsche Anführungszeichen um das »Hallo Welt.« herum gesetzt werden. Damit ergibt sich folgendes Beispiel:

Wir laden nun das *Paket* ngerman und geben der Klasse article die *Option* a4paper mit. Die Option steht in eckigen Klammern zwischen dem Befehl \documentclass und seinem Argument article in Schweifklammern.

ngerman
article

„Hallo Welt."

1

```
\documentclass[a4paper]{article}
\usepackage{ngerman} \begin{document}
"`Hallo Welt."'
\end{document}
```

Bsp. 1.2: „Hallo Welt" (2)

Die Option a4paper besorgt die Anpassung an das übliche A4-Papierformat. Das Paket ngerman enthält viele Anpassungen an die deutsche Sprache (mit der neuen Rechtschreibung – für die alte Rechtschreibung gilt das Paket german). In unserem Beispiel kommen die Befehle für die deutschen Anführungszeichen vom Paket ngerman.

german

Alle wichtigen Befehle sind für die beiden Pakete german und ngerman gleich. Wenn nicht anders vermerkt, gelten alle für das Paket ngerman beschriebenen Befehle auch für das Paket german. Die Details sind im Anhang A auf Seite 191 zu finden.

Das Paket ngerman enthält spezielle Befehle für die Eingabe von Umlauten und dem scharfen S, die im folgenden Beispiel gezeigt sind.

ngerman

„Hallo schöne große Welt."

1

```
\documentclass[a4paper]{article}
\usepackage{ngerman} \begin{document}
"`Hallo sch"one gro"se Welt."'
\end{document}
```

Bsp. 1.3: „Hallo schöne große Welt"

1.4 Die Eingabe von Text

Die Eingabedatei ist eine Textdatei. Sie wird mit dem bevorzugten Editor erstellt und enthält sowohl den Text, der gedruckt werden soll, als auch die Befehle, die LaTeX mitteilen, wie dieser Text gestaltet werden soll.

1.4.1 Leerzeichen und Leerzeilen

LaTeX behandelt alle »unsichtbaren« Zeichen wie Leerzeichen, Tabulatoren und Zeilenenden, genauso wie ein Leerzeichen. Mehrere, aufeinander folgende Leerzeichen werden genauso wie ein einzelnes Leerzeichen behandelt. Es ist also nicht möglich, größere Abstände durch das Einfügen zusätzlicher Leerzeichen zu erzeugen; hierzu sind besondere Befehle notwendig. Leerzeichen, die am Anfang einer Eingabezeile stehen, werden von TeX grundsätzlich ignoriert. Dies erlaubt es, die Eingabedatei durch Einrückungen übersichtlich zu gestalten.

Eine *Leerzeile* oder der Befehl `\par` kennzeichnen den Anfang eines neuen Absatzes. Mehrere Leerzeilen werden genauso wie eine einzelne Leerzeile behandelt. Zum Einfügen größerer senkrechter Abstände werden ebenfalls besondere Befehle gebraucht.

1.4.2 Kommentare

In die Eingabedatei können Kommentare eingefügt werden, die nicht ausgedruckt werden. Alles, was hinter einem Prozentzeichen (%) steht (bis zum Ende der Zeile), wird von LaTeX ignoriert.

Bsp. 1.4: Kommentare

Das ist ein Beispiel.

```
Das ist ein % dummes
% Besser: ein lehrreiches
Beispiel
```

1.4.3 Sonderzeichen und Akzente

LaTeX liegt der standardisierte ASCII-Zeichensatz zugrunde. Er enthält die Buchstaben des Alphabets, die Ziffern und eine Auswahl von Sonderzeichen, jedoch keine Umlaute, kein scharfes S und keine Sonderzeichen für andere Sprachen. Diese werden durch LaTeX-Befehle dargestellt.

Einige ASCII-Zeichen spielen in LaTeX eine besondere Rolle und können nicht direkt eingegeben werden, dies sind:

```
$ & % # _ { } ~ ^ " \ | < >
```

Diese Zeichen werden durch die im folgenden Beispiel gezeigten Befehle eingegeben.

$ & % # _ { }	`\$ \& \% \# \_ \{ \}`
~ ^ "	`\~{} \^{} \dq`
\ |	`\textbackslash \textbar`
< >	`\textless \textgreater`

Bsp. 1.5: Die Eingabe der besonderen ASCII-Zeichen

LaTeX kann jeden Akzent über (oder unter) jeden beliebigen Buchstaben setzen, ohne dass irgendeine Beschränkung besteht. Ferner kennt es eine ganze Reihe von Sonderzeichen, die fast alle in Europa verbreiteten Sprachen abdecken.

Die meisten Akzentbefehle sind sehr leicht zu merken, sie bestehen aus dem Rückwärtsschrägstrich und demjenigen ASCII-Zeichen, das dem Akzent am ähnlichsten sieht. So wird das spanische ñ durch `\~n` eingegeben oder das französische é durch `\'e`. Einige Akzente haben kein passendes ASCII-Zeichen, diese werden durch einen aus einem Rückwärtsschrägstrich und einem Buchstaben bestehenden Befehl eingegeben.

Der Befehl `\k` für den polnischen Haken unter einem Vokal (Ogonek) steht nur mit den neuen europäischen Schriften zur Verfügung – hierzu ist das Paket `fontenc` mit der Option `T1` durch den Befehl

`fontenc`

```
\usepackage[T1]{fontenc}
```

in der Präambel des Dokumentes zu laden.

Bsp. 1.6: Die Eingabe von Buchstaben mit Akzenten

à á â ã	`\`a \'a \^a \~a`
ä a̋ ā ă	`\"a \H{a} \=a \u{a}`
ȧ ǎ å a͡a	`\.a \v{a} \r{a} \t{aa}`
ạ a̱ ą a̧	`\d{a} \b{a} \k{a} \c{a}`

Eine Reihe von Sonderzeichen ist ebenfalls verfügbar, so die skandinavischen Buchstaben Æ und Ø, das polnische Ł oder das türkische kleine ı ohne Punkt. Nur mit den neuen europäischen Schriften sind die isländischen Sonderzeichen Eth Ð und Thorn Þ sowie der Buchstabe Eng Ŋ erreichbar.

Seit Dezember 2005 sind auch die Befehle für das niederländische IJ und für den großen Kreis ◯ in LaTeX selbst enthalten.

Bsp. 1.7: Sonderzeichen in LaTeX 2ε

Å, å, Æ, æ	`\AA, \aa, \AE, \ae`
Ø, ø, Œ, œ	`\O, \o, \OE, \oe`
ß, Ł, ł, ı, ȷ	`\ss, \L, \l, \i, \j`
Ð, ð, Þ, þ	`\DH, \dh, \TH, \th`
Đ, đ, Ŋ, ŋ	`\DJ, \dj, \NG, \ng`
IJ, ij, ◯	`\IJ, \ij, \textbigcircle`
§, ¶, £, ©	`\S, \P, \pounds, \copyright`
†, ‡, ¿, ¡	``\dag, \ddag, ?`, !` ``

Die Zeichen ı und ȷ haben eine weitere Funktion, sie dienen als Träger von Akzenten. Die Eingabe `\^j` führt zum Ergebnis ĵ, also einem j mit Punkt und Zirkumflex. Um ein ȷ̂ zu erhalten, ist die richtige Eingabe `\^{\j}`. Das gleiche gilt sinngemäß für das kleine i.

Das folgende Beispiel zeigt die Eingabemöglichkeiten für die Buchstabengruppe »øe« und den Buchstaben »œ«.

Bsp. 1.8: Øer (Inseln)

øer, øer, øer	`\o er, {\o}er, \o{}er`
Aber: œr, œr, œr	`Aber: \oe r, {\oe}r, \oe{}r`

`ngerman` Mit dem Paket `ngerman` vereinfacht sich die Eingabe der

Umlaute und des scharfen s. Es genügt nun, `"a` oder `"s` anstelle von `\"a` und `{\ss}` einzugeben, um ein »ä« oder ein »ß« zu erhalten.

Die hässliche Straße muss schöner werden.

```
Die h"assliche Stra"se muss
sch"oner werden.
```

Bsp. 1.9: Vereinfachte Eingabe mit dem Paket `ngerman`

Heutzutage kennen praktisch alle Rechner Umlaute. Leider ist die Kodierung der Umlaute nicht einheitlich, am weitesten verbreitet sind z. Zt. die Kodierungen Latin-1 und utf-8. Das Paket `inputenc` mit der Option `latin1jk` erlaubt die direkte Eingabe der Umlaute für die Kodierung Latin-1; für utf-8 ist die passende Option `utf8`.

`inputenc`

Die häßliche Straße muss schöner werden.

```
\usepackage[latin1jk]{inputenc}
\begin{document}
Die häßliche Straße muss
schöner werden.
```

Bsp. 1.10: Umlaute in der Kodierung Latin-1

Die Details zu den Kodierungen der Eingabe sind im Anhang F auf Seite 230 zu finden. Soll das Dokument auf verschiedenen Rechnern bearbeitet werden, empfiehlt es sich, reine ASCII-Eingabe zu verwenden. Mehr dazu findet sich im Abschnitt 11.4 auf Seite 133.

1.5 LaTeX-Befehle

Es gibt zwei Typen von LaTeX-Befehlen: Zum einen solche, die aus dem Rückwärtsschrägstrich und *einem* Sonderzeichen oder einer Ziffer bestehen, zum anderen solche, die aus dem Rückwärtsschrägstrich und einer beliebigen Anzahl von Buchstaben bestehen. Groß- und Kleinschreibung haben in Befehlsnamen unterschiedliche Bedeutung. Befehle können bis zu neun Argumente haben, die in Schweifklammern eingeschlossen werden.

TEX, LATEX,	`\TeX, \LaTeX,`
LATEX 2ε	`\LaTeXe`
Æ, æ, š	`\AE, \ae, \v{s}`

Bsp. 1.11: Beispiele für Befehle

Einige Befehle haben *optionale Argumente*, die normalerweise weggelassen werden können und die in eckigen Klammern (`[ ]`) stehen. Außerdem gibt es Befehle, die durch einen optionalen Stern (`*`) abgeändert werden können.

Ein aus Buchstaben bestehender Befehl wird entweder durch ein Sonderzeichen oder durch ein Leerzeichen beendet, ein beendendes Leerzeichen wird dabei »verbraucht«. Soll ein Leerzeichen nach dem Befehl ausgegeben werden, so kann dieses explizit durch den Befehl `\␣` (Rückwärtsschrägstrich gefolgt von einem Leerzeichen) angefordert werden oder der Befehl kann mit einer *leeren Gruppe* (`{}`) abgeschlossen werden. Im folgenden Beispiel sind die verschiedenen Möglichkeiten demonstriert.

Heute ist der 35. Mai 2009.	`Heute ist der \today.`
Oder:	`Oder:`
Heute ist der 35. Mai 2009.	`Heute ist der \today .`
Falsch:	`Falsch:`
Am 35. Mai 2009regnet es.	`Am \today regnet es.`
Richtig:	`Richtig:`
Am 35. Mai 2009 regnet es.	`Am \today\ regnet es.`
Oder:	`Oder:`
Am 35. Mai 2009 regnet es.	`Am \today{} regnet es.`

Bsp. 1.12: Am 35. Mai

`ngerman`

Die besonderen Befehle des Paketes **`ngerman`** bestehen aus dem Anführungszeichen (`"`) und *einem* Buchstaben oder Sonderzeichen. Sie brauchen nicht besonders abgeschlossen zu werden. Leerzeichen hinter ihnen bleiben erhalten.

1.6 LATEX-Umgebungen

LATEX-Umgebungen bestehen aus einem Paar von Befehlen `\begin{`*umgebung*`}` ... `\end{`*umgebung*`}`. In einer Umgebung kann z. B. das Layout besonderen Regeln unterliegen, es können Formeln gesetzt werden oder andere spezielle Effekte erzielt werden.

Ähnlich wie Befehle können auch Umgebungen verpflichtende und/oder optionale Argumente haben. Diese Argumente werden nur am Anfang hinter dem `\begin`-Befehl aufgeführt.

Eine besondere Eigenschaft von LaTeX-Befehlen sei hier noch erwähnt: Es ist möglich, einen beliebigen LaTeX-Befehl auch als Umgebung zu verwenden, sofern dies sinnvoll ist. So lässt sich zu dem Befehl `\small` eine Umgebung `small` angeben durch das Befehlspaar `\begin{small}` ... `\end{small}`.

Text in normaler Größe.

Bitte lesen Sie auch das Kleingedruckte.

Text in normaler Größe.

```
Text in normaler Gr"o"se.

\begin{small}
Bitte lesen Sie auch
das Kleingedruckte.
\end{small}

Text in normaler Gr"o"se.
```

Bsp. 1.13: Umgebungen

Der Aufbau eines Dokumentes

article report book

In diesem Kapitel werden die wesentlichen Dokumentenklassen besprochen. Die Standardklassen `article`, `report` und `book` sind nahe miteinander verwandt – `article` ist in `report` enthalten und dieses wiederum in `book`. So ergibt sich eine Abstufung für Texte verschiedener Länge, wobei ein Artikel als Kapitel in einem Bericht oder Buch wiederverwendet werden kann.

slides

Eine Klasse anderer Art ist `slides`, sie dient zur Erstellung von Overheadfolien oder Postern. Sie zeichnet sich durch die Verwendung großer, gut lesbarer Schriften aus.

letter dinbrief

Zum Schluss wird noch eine Briefklasse besprochen. Anstelle der auf amerikanische Standards zugeschnittenen Klasse `letter` wird hier die für den deutschen Sprachraum angepasste Klasse `dinbrief` vorgestellt.

2.1 Die Gliederungsbefehle der Standardklassen

2.1.1 Die Normalform der Gliederungsbefehle

Ein Abschnitt eines Artikels wird durch den Befehl `\section` markiert. Dieser Befehl erfüllt drei Aufgaben gleichzeitig: Er setzt die Abschnittsüberschrift, die automatisch nummeriert wird, er sorgt für den Eintrag ins Inhaltsverzeichnis und für den lebenden Kolumnentitel. Der lebende Kolumnentitel ist eine Kopfzeile, die sich im Laufe des Buches ändert und den Inhalt widerspiegelt. Eine Kopfzeile, die stets gleich bleibt, heißt toter Kolumnentitel.

Das folgende Beispiel zeigt die Überschrift dieses Abschnittes. Durch das optionale Argument in eckigen Klam-

Level	LaTeX-Befehl
−1	`\part`
0	`\chapter`
1	`\section`
2	`\subsection`
3	`\subsubsection`
4	`\paragraph`
5	`\subparagraph`

`\part` hat in `book` und `report` den Level −1, in `article` aber den Level 0.

Tab. 2.1: Übersicht über die Gliederungsbefehle

mern wurde ein Kurztitel angegeben, der im lebenden Kolumnentitel und im Inhaltsverzeichnis erscheint.[1]

```
\section[Die Gliederungsbefehle]{Die
Gliederungsbefehle der Standardklassen}
```

Bsp. 2.1: Die Abschnittsüberschrift

In den Standardklassen sind die Titel bei `\chapter`, `\section`, `\subsection` und `\subsubsection` echte Überschriften, während sie bei `\paragraph` und `\subparagraph` hineinlaufende Titel sind, die nur durch fette Schrift hervorgehoben werden.

Das Gnu ist ein großes Tier, das in Afrika lebt.

```
\paragraph{Das Gnu} ist ein
gro"ses Tier, das in Afrika
lebt.
```

Bsp. 2.2: Hineinlaufender Titel

2.1.2 Die Stern-Form der Gliederungsbefehle

Die Überschriften sind grundsätzlich nummeriert. Mit dem Befehl `\appendix` wird die Nummerierung von Zahlen auf Buchstaben umgestellt, wie dies bei Anhängen üblich ist.

[1] Dieses Buch verwendet eine eigene Klasse, bei der – abweichend vom Standard – der Langtitel im Inhaltsverzeichnis erscheint. Der lebende Kolumnentitel erscheint in den grauen Kästen (und nicht als Kopfzeile).

```
\documentclass[11pt,a4paper]{book}
\usepackage{ngerman}
\begin{document}
\frontmatter
  \tableofcontents
  \chapter{Vorwort}
\mainmatter
  \chapter{Erstes Kapitel}
  \chapter{Zweites Kapitel}
\appendix
  \chapter{Ein Anhang}
  \chapter{Ein anderer Anhang}
\backmatter
  \chapter{Danksagung}
\end{document}
```

Abb. 2.1: Schematischer Aufbau eines Buches

Überschriften ohne Nummer lassen sich grundsätzlich durch die ∗-Form der Überschriftsbefehle erhalten (also `\chapter*`, `\section*` etc.). Dies hat aber den Nachteil, dass diese Abschnitte auch nicht ins Inhaltsverzeichnis und in die lebenden Kolumnentitel aufgenommen werden. In der Klasse `book` gibt es dazu die zusätzlichen Befehle `\frontmatter`, `\mainmatter` und `\backmatter`. Der Befehl `\frontmatter` zeichnet hierbei den Vorspann aus, der das Vorwort und das Inhaltsverzeichnis enthält. Die Überschriften tragen hier keine Nummern, tauchen aber dennoch im Inhaltsverzeichnis und in den lebenden Kolumnentiteln auf. Der Befehl `\mainmatter` bezeichnet den Hauptteil des Buches mit den Kapiteln und den Anhängen. Mit dem Befehl `\backmatter` wird schließlich der Nachspann markiert, der etwa eine Danksagung oder diverse Register und Verzeichnisse enthält. Hier findet wiederum keine Nummerierung statt. Der Aufbau eines Buches ist in Abbildung 2.1 skizziert.

`book`

2.1.3 Das Inhaltsverzeichnis

Der Befehl `\tableofcontents` erzeugt das Inhaltsverzeichnis. Damit das Inhaltsverzeichnis stimmt, sind mindestens zwei LaTeX-Läufe, oft sogar drei, notwendig. Im ersten Durchlauf werden die notwendigen Informationen über die Abschnitte von LaTeX in eine besondere Datei mit der Endung `.toc` geschrieben. Diese Datei wird dann im zweiten Durchlauf zur Erstellung des Inhaltsverzeichnisses verwendet. Zur gleichen Zeit wird eine neue `.toc`-Datei geschrieben. Steht das Inhaltsverzeichnis am Anfang, können sich die Seitenzahlen noch einmal nach hinten verschieben, so dass erst nach dem dritten LaTeX-Lauf das Inhaltsverzeichnis wirklich stimmt.

Die Nummerierung der Überschriften lässt sich durch das Setzen des Zählers `secnumdepth` steuern. Der Wert dieses Zählers gibt an, bis zu welcher Tiefe Abschnitte noch nummeriert werden, die Voreinstellung ist 3 (`\subsubsection`). Sollen die Überschriften gar keine Nummern tragen, so lässt sich dies durch den Befehl

```
\setcounter{secnumdepth}{-2}
```

sicher erreichen. Ist andererseits eine Nummerierung bis zum untersten Level erwünscht, so ist dies durch

```
\setcounter{secnumdepth}{5}
```

erreichbar.

Die Aufnahme von Überschriften in das *Inhaltsverzeichnis* ist von der Nummerierung unabhängig. Auch die Feinheit des Inhaltsverzeichnisses wird durch einen Zähler, `tocdepth`, eingestellt. Die Voreinstellung ist wiederum 3. Soll das Inhaltsverzeichnis nur bis zu den Unterabschnitten (Tiefe 2) reichen, so lässt sich dies durch den Befehl

```
\setcounter{tocdepth}{2}
```

erreichen. Sollen dagegen alle Gliederungen bis hinunter zum Unterparagraph im Inhaltsverzeichnis erscheinen, hilft es

```
\setcounter{tocdepth}{5}
```

zu setzen.

2.2 Die Titelei

Der Titel eines LaTeX-Dokumentes[2] enthält die folgenden Informationen: Den Titel des Dokuments selbst, den Autor

[2]Die Titelei dieses Buches wurde vom Verlag erstellt und entspricht nicht dem LaTeX-Stil.

oder die Autoren und das Datum. In der Klasse article erscheint der Titel oben auf der ersten Seite, in den Klassen report und book wird für den Titel eine eigene Seite reserviert. Mit den Optionen titlepage bzw. notitlepage lässt sich dieses Verhalten umstellen.

article
report
book

Zur Erstellung des Titels werden zuerst der Titel mit dem Befehl \title, der oder die Autoren mit dem Befehl \author und das Datum mit dem Befehl \date festgelegt. Diese 3 Befehle können in beliebiger Reihenfolge stehen. Mehrere Autoren stehen alle im Argument eines einzigen \author-Befehls und werden durch den Befehl \and voneinander getrennt. In der Titelei gibt es außerdem den Befehl \thanks, der besondere Fußnoten im Befehl \author erlaubt. Diese Fußnoten werden nicht durch Zahlen sondern durch besondere Symbole (∗ † ‡ § ¶ ‖ ∗∗ †† ‡‡) gekennzeichnet.

Das Datum darf auch fehlen, die beiden anderen Befehle müssen aber auf jeden Fall vorhanden sein. Dann wird der Titel mit dem Befehl \maketitle erzeugt. Ohne diesen Befehl gibt LaTeX nichts aus.

```
\author{E. R. Ster\thanks{Rautavistische
           Universit"at Eschweilerhof} \and
        Z. Weiter\thanks{Bielefeld}}
\title{Unser wunderbarer Artikel}
\date{35. Mai 1999}
\maketitle
```

Abb. 2.2: Titelei

2.3 Der Seitenstil

LaTeX 2_ε kennt 4 Seitenstile, die mit dem Befehl \pagestyle ausgewählt werden können. Die möglichen Einstellungen sind empty für eine Seite ohne Seitenzahlen und ohne Kolumnentitel, plain für eine Seite mit Seitenzahl aber ohne Kolumnentitel, headings für eine Seite mit Seitenzahl und lebendem Kolumnentitel und myheadings für eine Seite mit selbstdefinierter Kopfzeile. In der Klasse book ist der Seitenstil headings voreingestellt, in den Klassen article und report ist es plain.

book
article

Der Befehl \pagestyle ändert den Seitenstil für das ganze Dokument. Soll nur für eine bestimmte Seite der Seitenstil geändert werden, hilft der Befehl \thispagestyle.

```
\pagestyle{headings}
\thispagestyle{empty}
```

Bsp. 2.3: Seitenstile

fancyhdr

Das Paket fancyhdr von Piet van Oostrum erlaubt es, auf einfache Weise die Kopf- und Fußzeilen selbst zu konfigurieren. Das Paket enthält auch eine ausführliche Anleitung zur Gestaltung des Seitenlayouts.

2.4 Die Standardumgebungen

LaTeX enthält eine Reihe von Umgebungen für Zitate, Listen, Aufzählungen und Gedichte. Diese Umgebungen sind in allen Standardklassen verfügbar.

2.4.1 Zitate und Gedichte

Die Umgebung quote eignet sich für kurze Zitate. Diese werden dadurch hervorgehoben, dass sie – wie im folgenden Beispiel gezeigt – rechts und links eingerückt werden.

Eine typografische Faustregel für die Zeilenlänge lautet:

> Keine Zeile soll mehr als 66 Buchstaben enthalten.

Dies ist nur eine Faustregel, in begründeten Fällen kann von ihr abgewichen werden.

```
Eine typografische Faustregel f"ur die
Zeilenl"ange lautet:
\begin{quote}
Keine Zeile soll mehr als
66~Buchstaben enthalten.
\end{quote}
Dies ist nur eine Faustregel, in begr"undeten
F"allen kann von ihr abgewichen werden.
```

Bsp. 2.4: Ein kurzes Zitat

Hast Du die Lippen mir wund geküsst,
So küsse sie wieder heil,
Und wenn Du bis Abend nicht fertig bist,
So hat es auch keine Eil'.

Du hast ja noch die ganze Nacht,
Du Herzallerliebste mein!
Man kann in solch einer ganzen Nacht
Viel küssen und selig sein.

```
\begin{verse}
Hast Du die Lippen mir wund gek"usst,\\
So k"usse sie wieder heil,\\
Und wenn Du bis Abend nicht
fertig bist,\\
So hat es auch keine Eil'.

Du hast ja noch die ganze Nacht,\\
Du Herzallerliebste mein!\\
Man kann in solch einer ganzen Nacht\\
Viel k"ussen und selig sein.
\end{verse}
```

Abb. 2.3: Ein Gedicht von Heinrich Heine

Für längere Zitate ist die Umgebung `quotation` da. Sie unterscheidet sich in den Standardklassen von der Umgebung `quote` dadurch, dass die Absätze durch Einzüge gekennzeichnet werden.

Zum Zitieren von Gedichten ist die Umgebung `verse` gemacht. Hierbei werden die Gedichtzeilen durch \\ abgeteilt, die einzelnen Strophen durch Leerzeilen. Ein Beispiel für ein Gedicht findet sich in Abb. 2.3 oben.

2.4.2 Listen und Aufzählungen

Listen mit Blickfangpunkten bietet die Umgebung `itemize`. Diese Umgebung kann in sich bis zu viermal verschachtelt werden. Die einzelnen Punkte werden jeweils durch den Befehl `\item` eingeleitet.

In jedem Level wird ein anderes Symbol als Blickfang eingesetzt. Es beginnt mit einem auffälligen Blickfangpunkt, gefolgt von einem Spiegelstrich, einem Stern und schließlich von einem kleinen Blickfangpunkt.

- Erster Punkt
  - Ein Unterpunkt
  - Noch einer
- Zweiter Punkt

```
\begin{itemize}
\item Erster Punkt
  \begin{itemize}
  \item Ein Unterpunkt
  \item Noch einer
  \end{itemize}
\item Zweiter Punkt
\end{itemize}
```

Bsp. 2.5: Eine Liste

Aufzählungen werden durch die Umgebung `enumerate` dargestellt. Hierbei werden die Punkte automatisch hochgezählt. Die Punkte werden – genau wie bei der vorigen Umgebung – durch den Befehl `\item` ausgezeichnet. Auch diese Umgebung kann bis zu viermal in sich verschachtelt werden, wobei für jede Schachtelungsebene ein anderer Zähler benutzt wird.

1. Erster Punkt
   (a) Ein Unterpunkt
   (b) Noch einer
2. Zweiter Punkt

```
\begin{enumerate}
\item Erster Punkt
  \begin{enumerate}
  \item Ein Unterpunkt
  \item Noch einer
  \end{enumerate}
\item Zweiter Punkt
\end{enumerate}
```

Bsp. 2.6: Eine Aufzählung

Die Umgebung `description` eignet sich gut für Beschreibungen oder Aufzählungen, die von Stichwörtern eingeleitet werden. Hierbei taucht der Befehl `\item` mit einem optionalen Argument auf, welches das Stichwort enthält.

Elefant Großes Tier, das in Afrika lebt.

Mücke Kleines Tier, das auf der ganzen Welt verbreitet ist.

Schnabeltier Mittelgroßes Tier, das hier nur wegen seines Namens auftaucht.

```
\begin{description}
\item[Elefant] Gro"ses Tier, das in
  Afrika lebt.
\item[M"ucke] Kleines Tier, das auf
  der ganzen Welt verbreitet ist.
\item[Schnabeltier] Mittelgro"ses
  Tier, das hier nur wegen seines
  Namens auftaucht.
\end{description}
```

Bsp. 2.7: Eine Beschreibung

2.4.3 Spezielle Satzarten

Mit Hilfe der Umgebungen `flushleft` (linksbündiger Satz), `flushright` (rechtsbündiger Satz) und `center` (zentrierter Satz) erhält man Flattersatz, d. h. der Rand wird nicht ausgeglichen. Falls keine expliziten Zeilenumbrüche durch den Befehl \\ erfolgen, bricht LaTeX automatisch um.

Dies ist ein Stück Blindtext,
der linksbündig gesetzt ist.
Der rechte Rand flattert.

Dies ist ein Stück Blindtext,
der rechtsbündig gesetzt ist.
Der linke Rand flattert.

Dies ist ein Stück Blindtext,
der auf Mitte gesetzt ist.
Beide Ränder flattern.

```
\begin{flushleft}
Dies ist ein St"uck Blindtext,
der linksb"undig gesetzt ist.
Der rechte Rand flattert.
\end{flushleft}
\begin{flushright}
Dies ist ein St"uck Blindtext,
der rechtsb"undig gesetzt ist.
Der linke Rand flattert.
\end{flushright}
\begin{center}
Dies ist ein St"uck Blindtext,
der auf Mitte gesetzt ist.
Beide R"ander flattern.
\end{center}
```

Bsp. 2.8: Flattersatz

Eine kleine Warnung: Guter Flattersatz ist schwierig zu erreichen. Hier ist immer Handarbeit nötig. Im Deutschen muss auch im Flattersatz getrennt werden, dies darf aber nur sinnentsprechend an Wortfugen geschehen. Außerdem muss nachgesehen werden, dass die entstandene Satzkante tatsächlich flattert und weder nach schlechtem Blocksatz noch nach ungewolltem Formsatz aussieht.

Die hier vorgestellten Umgebungen haben ihren Sinn in gut kontrollierbaren Situationen, etwa in einem Briefkopf, auf einem Titelblatt oder bei Bildunterschriften.

2.4.4 Zeichengetreue Wiedergabe

Um Computerprogramme wiederzugeben, ist es notwendig, dass jedes Zeichen genau wie in der Eingabe auf dem Papier erscheint. Für kurze Einsprengsel im Text gibt es hierfür den Befehl `\verb`. Dieser hat ein beliebiges Sonderzeichen als Begrenzer und gibt alles bis zum zweiten Auftauchen desselben Zeichens buchstabengetreu wieder. Leerzeichen werden hierbei beachtet. Mit der ∗-Form des Befehls, `\verb*`, werden Leerzeichen durch das besondere Symbol ␣ wiedergeben. Die Befehle `\verb` und `\verb*` können *nicht* im Argument eines anderen Befehls stehen.

```
\textbacksalsh          \verb:\textbackslash:
\␣                      \verb*:\ :
```

Bsp. 2.9: Der Befehl `\verb`

Für längere Abschnitte, die zeichengetreu wiedergegeben werden sollen, gibt es die Standardumgebungen `verbatim` und `verbatim*`. Die Umgebung `verbatim*` gibt hierbei Leerzeichen als ␣ wieder. Der Befehl `\end{verbatim}` muss unbedingt am Anfang einer neuen Zeile stehen, sonst bleibt er wirkungslos. Das Standardpaket `verbatim` verbessert und erweitert die Umgebung `verbatim`. Es stellt unter anderem den Befehl `\verbatiminput` zur Verfügung, mit dessen Hilfe eine externe Datei eingelesen werden kann und *verbatim* wiedergegeben wird. Der Befehl `\verbatiminput` kann, im Gegensatz zu `\verb`, auch im Argument eines anderen Befehls stehen.

`verbatim`

```
#include <stdio.h>
int main()
{
  printf("Hello, world\n")
  return 0;
}
```

```
\begin{verbatim}
#include <stdio.h>
int main()
{
  printf("Hello, world\n")
  return 0;
}
\end{verbatim}
```

Bsp. 2.10: Ein C-Programm

alltt

Etwas schwächer als die Umgebung `verbatim` ist die Umgebung `alltt`, die durch das Paket `alltt` zur Verfügung gestellt wird. Hier behalten der Rückwärtsschrägstrich und die Schweifklammern ihre übliche Bedeutung, alle anderen besonderen Zeichen werden aber *verbatim* wiedergegeben.

2.5 Fußnoten und Marginalien

Fußnoten werden durch den Befehl `\footnote` erzeugt. Dieser Befehl kann nur im normalen Fließtext verwendet werden, innerhalb verschiedener Umgebungen, im Besonderen in Tabellen oder Abbildungen, lässt er sich nicht verwenden.

Dies ist etwas Text mit einer Fußnote.[a]

[a]Und das ist der Text der Fußnote.

```
Dies ist etwas Text mit einer
Fu"snote.\footnote{Und das ist
der Text der Fu"snote.}
```

Bsp. 2.11: Fußnote

Marginalien sind Notizen, die neben dem eigentlichen Text am Rand stehen. Sie werden mit dem Befehl `\marginpar` erzeugt und erscheinen stets am äußeren Rand der Seite.

Dieser Absatz ist besonders wichtig. !

```
Dieser Absatz ist besonders
wichtig.\marginpar{\textbf{!}}
```

Auf diesen Absatz zeigt ein Pfeil. ←

```
Auf diesen Absatz zeigt ein
Pfeil.\marginpar[$\to$]{$\gets$}
```

Bsp. 2.12: Marginalien

Durch das optionale Argument des Befehls `\marginpar` können unterschiedliche Texte für rechte und linke Seiten gesetzt werden. Das normale Argument in Schweifklammern gibt hierbei den Text für rechte Seiten an, das optionale Argument in eckigen Klammern den Text für linke Seiten. Dies ist insbesondere dann sinnvoll, wenn ein Pfeil auf eine hervorgehobene Textstelle zeigen soll.

2.6 Querverweise

Mit LaTeX lassen sich auf sehr einfache Art Querverweise erstellen. Hierzu dienen die drei Befehle `\label`, `\ref` und `\pageref`. Mit dem Befehl `\label` wird eine Marke gesetzt. Mit dem Befehl `\ref` wird die Nummer der aktuellen Gliederungsebene wiedergegeben, mit `\pageref` die aktuelle Seite.

Auf diese Art und Weise lässt sich auf viele Objekte, die LaTeX automatisch nummeriert, verweisen. Je nachdem, wo der Befehl `\label` steht, kann er auf eine Fußnote, auf einen Aufzählungspunkt, eine Gleichung, eine Tabelle oder eine Abbildung verweisen.

Querverweise sind im Abschnitt 2.6 auf Seite 25 beschrieben.

```
\section{Querverweise}\label{sec:quer}
...
Querverweise sind im Abschnitt~\ref{sec:quer} auf
Seite~\pageref{sec:quer} beschrieben.
```

Bsp. 2.13: Querverweise

Mit dem Paket `showkeys` von David Carlisle lassen sich `showkeys` die Marken und die Ziterschlüssel für das Literaturverzeichnis sichtbar machen, sie erscheinen dann in der Randspalte. Dies kann bei der Erstellung eines langen Dokuments sehr nützlich sein.

2.7 Literaturverzeichnis

2.7.1 LaTeX

Zur automatischen Erstellung eines Literaturverzeichnisses dient die Umgebung `thebibliography`. Jede Literaturangabe wird hierin durch den Befehl `\bibitem` ausgezeichnet. Dieser Befehl vereinbart einen Zitierschlüssel, auf den der Befehl `\cite` im Text zugreift. In einem `\cite`-Befehl können mehrere Zitierschlüssel auf einmal stehen, diese werden durch Kommata getrennt. Zudem kennt der Befehl `\cite` ein optionales Argument, das zur Angabe von weiteren Details genutzt werden kann. Die Standardformatierung eines Eintrages im Literaturverzeichnis besteht in der fortlaufenden Nummerierung der zitierten Literatur, wobei die Reihenfolge im Literaturverzeichnis entscheidend ist. Mit einem optionalen Argument zum Befehl `\bibitem` lässt sich eine andere Formatierung vereinbaren.

Die Umgebung `thebibliography` hat ein verpflichtendes Argument, welches als Platzhalter für die Einträge im Literaturverzeichnis dient. Es sollte stets so lang wie der längste Eintrag gewählt werden.

Das Literaturverzeichnis zum folgenden Beispiel ist in Abbildung 2.4 auf Seite 27 zu finden.

Als Begleitliteratur zur theoretischen Physik im Hauptstudium werden die Bücher von Kittel [1, 2], Gasiorowicz [Gas05] und Feynman [Feynman 1997, Kap. 1–3] empfohlen.

Bsp. 2.14: Zitieren von Literatur

```
Als Begleitliteratur zur theoretischen Physik
im Hauptstudium werden die B"ucher von
Kittel \cite{Kit01,Kit06}, Gasiorowicz \cite{Gas05}
und Feynman \cite[Kap. 1--3]{Fey97} empfohlen.
```

`cite`

Das Paket `cite` von Donald Arseneau bietet einige inter-

Literaturverzeichnis

[1] Charles Kittel und Herbert Krömer, Thermodynamik, Oldenbourg, 5. Aufl. München 2001.

[2] Charles Kittel, Einführung in die Festkörperphysik, Oldenbourg, 14. Aufl. München 2006.

[Gas05] Stephen Gasiorowicz, Quantenphysik, Oldenbourg, 9. Aufl. München 2005.

[Feynman 1997] Richard P. Feynman, Quantenelektrodynamik, Oldenbourg, 4. Aufl. München 1997.

```
\begin{thebibliography}{Feynman 1997}
\bibitem{Kit01} Charles Kittel und Herbert Kr"omer,
  Thermodynamik, Oldenbourg, 5.~Aufl. M"unchen 2001.
\bibitem{Kit06} Charles Kittel, Einf"uhrung in die
  Festk"orperphysik, Oldenbourg, 14.~Aufl.
  M"unchen 2006.
\bibitem[Gas05]{Gas05} Stephen Gasiorowicz,
  Quantenphysik, Oldenbourg, 9.~Aufl.
  M"unchen 2005.
\bibitem[Feynman 1997]{Fey97} Richard P. Feynman,
 Quantenelektrodynamik, Oldenbourg, 4.~Aufl.
 M"unchen 1997.
\end{thebibliography}
```

Abb. 2.4: Literaturverzeichnis

essante Erweiterungen. Werden mehrere Referenzen in einem Befehl zitiert, so werden sie automatisch sortiert und zusammengefasst, so dass etwa die Folge [3, 4, 5, 6] zu [3–6] wird. Werden Referenzen in der langen Form (wie etwa [Feynman 1997]) zitiert, so erlaubt das Paket `cite` Trennungen und Umbrüche innerhalb der Zitierung.

2.7.2 BibTEX

Mit dem Zusatzprogramm BIBTEX lassen sich Literaturverzeichnisse aus einer Literaturdatenbank automatisch erzeugen. Hierzu wertet BIBTEX die Zitierschlüssel aus und erzeugt dann eine Datei, die die Umgebung `thebibliography` für das entsprechende Dokument enthält.

Mit Hilfe einer Stildatei lässt sich die Formatierung des Literaturverzeichnisses an die verschiedensten Anforderungen anpassen; für sehr viele Buchreihen und Zeitschriften gibt es fertige Bibliografiestile. Eine Alternative zur Verwendung von Bibliografiestilen bietet das Paket `biblatex`. Hier wird BIBTEX nur noch zur Auswertung der Zitate und zum Sortieren benutzt; die Formatierung des Literaturverzeichnisses erfolgt mit LATEX selbst.

`biblatex`

Zum Arbeiten mit BIBTEX werden zwei zusätzliche Zeilen in die LATEX-Datei geschrieben. Mit `\bibliographystyle` wird der Stil des Literaturverzeichnisses angegeben und mit `\bibliography` wird die Literaturdatenbank angegeben. Es ist möglich, mehrere Datenbanken anzugeben.

```
\begin{document}
\bibliographystyle{plain}
...
...\cite{...}...
...
\bibliography{literatur}
\end{document}
```

Bsp. 2.15: Literaturverzeichnis mit BibTEX

Danach werden LATEX und BIBTEX in der folgenden Reihenfolge aufgerufen:

```
latex meinwerk
bibtex meinwerk
latex meinwerk
latex meinwerk
```

Bsp. 2.16: Reihenfolge der Aufrufe von LaTeX und BibTeX

Mit dem Befehl \nocite lassen sich Werke in das Literaturverzeichnis aufnehmen, die nicht im Text zitiert worden sind. Mit dem besonderen Befehl \nocite{*} wird die ganze Literaturdatenbank in das Literaturverzeichnis aufgenommen.

Das Format einer Bibliografiedatenbank ist im Anhang B auf Seite 198 beschrieben. Weitere Details lassen sich in der Dokumentation zu BibTeX [Patashnik 1988] finden.

2.8 Schlagwortverzeichnis

2.8.1 Auszeichnung der Einträge

Einträge in das Schlagwortverzeichnis werden mit dem Befehl \index ausgezeichnet.

```
Dies ist ein wichtiger Begriff\index{Begriff}, der
im Schlagwortverzeichnis erscheinen soll.
```

Bsp. 2.17: Markierung von Registereinträgen

Bei der Auszeichnung sind einige Spezialitäten möglich. Eine Gliederung der Suchbegriffe geschieht durch das Ausrufezeichen, so werden z. B. durch

```
\index{Gleichung!kubische}
\index{Gleichung!lineare}
\index{Gleichung!quadratische}
```

die Unterpunkte »kubische«, »lineare« und »quadratische« zum Eintrag »Gleichung« eingerichtet. Im Index dieses Buches sind zum Eintrag »Schrift« Unterpunkte zu finden.

Mit unterschiedlichen Schriften für die Seitenzahlen lassen sich Registereinträge weiter auszeichnen. So können etwa Abbildungen mit fetten Seitenzahlen markiert sein. Hierzu steht hinter dem indizierten Wort ein senkrechter Strich gefolgt von einem LaTeX-Befehl.

Bsp. 2.18: Fette Seitenzahl im Register

```
\index{Tiger|textbf}
\index{L"owe|textbf}
```

Die Einordnung an einer bestimmten Stelle lässt sich durch die Angabe eines Wortes vor einem Arrobazeichen[3] (@) erreichen. Damit lassen sich auch Sonderzeichen oder Logos einsortieren.

Bsp. 2.19: Einsortierung von Sonderzeichen und Logos

```
\index{Gamma@$\Gamma$}
\index{LaTeX@\LaTeX}
```

2.8.2 Die Bearbeitung des Schlagwortverzeichnisses

Der Befehl `\makeindex`, der in der Präambel des Dokumentes stehen muss, veranlasst LaTeX die Registereinträge in eine Hilfsdatei mit der Endung `.idx` zu schreiben. Das Zusatzprogramm MakeIndex übernimmt die Aufgabe, die Einträge zu sortieren und in Form einer neuen Datei mit der Endung `.ind` wieder herauszuschreiben.

In den meisten Fällen genügt es, MakeIndex ohne weitere Optionen in der Form

```
makeindex -g -s umlaut.ist meinwerk
```

aufzurufen. Der Schalter `-g` stellt dabei deutsche Sortierung ein und bewirkt, dass Umlaute und scharfes S richtig erkannt und einsortiert werden. Hierbei ist zu beachten, dass die Umlaute und das scharfe S ausschließlich in der Eingabe `"a`, `"o`, `"u` und `"s` richtig sortiert werden; weder die Standardeingabe `\"a` noch die Direkteingabe eines `ä` in der aktuellen Kodierung ergeben die gewünschte Sortierreihenfolge. Für die

`umlaut.ist`

deutsche Sprache ist die Angabe des Indexstils `umlaut.ist` (oder eines anderen passenden Indexstils) notwendig um das Anführungszeichen umzudefinieren, das ansonsten eine spezielle Bedeutung hat. Für einen englischsprachigen Index erfolgt der Aufruf ohne den Schalter `-g` und ohne den Indexstil.

[3] Arroba ist eine alte spanische Gewichtseinheit. Das Zeichen »@« leitet sich vom Symbol dieser Gewichtseinheit her.

```
% meinwerk.tex
\documentclass[a4paper]{report}
\usepackage{ngerman}
\makeindex
\begin{document}
... Suchbegriff\index{Suchbegriff} ...
\input{meinwerk.ind}
\end{document}
```

Abb. 2.5: Eingabedatei mit den Befehlen zur Erzeugung eines Schlagwortverzeichnisses

Es ist möglich, MakeIndex zu konfigurieren oder Stilvorlagen für die Gestaltung des Registers zu erstellen. In der Anleitung zu MakeIndex [Chen und Harrison 1988] oder im LaTeX-Begleiter [Mittelbach et al. 2004] lassen sich die Details nachlesen.

Diese Datei muss an der Stelle, wo das Register dann erscheinen soll, eingelesen werden. Dies geschieht zweckmäßigerweise mit dem Befehl `\input`.

Über den Namen des Index besteht im deutschen Sprachraum keine Einigkeit. Das Paket **ngerman** definiert diesen Namen als »Index«, aber auch »Register« und »Sachwortverzeichnis« sind üblich. Der Name des Registers kann leicht selbst definiert werden. Der Befehl

ngerman

```
\renewcommand\indexname{Register}
```

definiert den Namen des Registers als »Register«. Dieser Befehl sollte entweder in der Präambel des Dokumentes oder in einer eigenen Makrodatei stehen (vgl. Abschnitt 11.6.4 auf Seite 142).

2.9 Folien mit LaTeX

Folien lassen sich mit LaTeX 2_ε mit der Dokumentenklasse `slides` erstellen. Die Klasse `slides` enthält keine Gliederungsbefehle, die einzige Gliederung ist eine Abtrennung der verschiedenen Folien durch die Umgebung `slide`. Alle Standardumgebungen sowie der mathematische Modus stehen in vollem Umfang zur Verfügung.

slides

Die Folien werden in einer besonderen, gut lesbaren und großen Schrift gesetzt.

Informationen
$a^2 + b^2 = c^2$

```
\begin{slide}
Informationen\\
$a^2+b^2=c^2$
\end{slide}
```

Bsp. 2.20: Eine Folie

slides Die Klasse slides eignet sich für Folien, die auf den Overhead-Projektor aufgelegt werden. Für Bildschirmpräsentationen sind andere Klassen besser geeignet. Eine davon, die Klasse beamer, ist im Abschnittt 12.5 auf Seite 157 beschrieben.

2.10 Briefe mit LaTeX

letter Die Standardklasse letter ist für das amerikanische Briefformat entworfen. Dieses weicht in der Anordnung der Elemente von dem in Deutschland üblichen Briefformat stark ab, weshalb die Klasse letter hier nicht besonders geeignet ist.

dinbrief Die Klasse dinbrief erlaubt es, Briefe nach den deutschen Gepflogenheiten mit LaTeX 2_ε zu schreiben. Wie der Name der Klasse schon andeutet, wurden die DIN-Normen für Geschäftsbriefe in diese Klasse eingearbeitet.

dinbrief Die Klasse dinbrief ist historisch aus zwei Wurzeln gewachsen. Einerseits ist sie eine Ableitung und Anpassung der letter Standardklasse letter, zum anderen enthält sie die Befehle des alten LaTeX 2.09-Stiles dinbrief von Rainer Sengerling. Sie wird von Klaus Dieter Braune und Richard Gussmann weiterentwickelt und gewartet.

Die den Absender betreffenden Angaben werden mit den Befehlen \address (Anschrift), \place (Ort), \phone (Telefonnummer) und \signature (Unterschrift) angegeben. Diese Befehle werden schon vor der Umgebung letter angegeben. Ein Dokument kann mehrere letter-Umgebungen enthalten.

```
\documentclass[12pt]{dinbrief}
\usepackage{ngerman}
\usepackage[latin1jk]{inputenc}
\begin{document}
\address{Thea Tiger\\
        Gesellschaft f"ur freie Software mbH \\
        Musterpfad 19\\
        12345 Musterstadt}
\signature{Thea Tiger}
\place{Musterstadt}
\begin{letter}{Paul Panther\\
       Winzigweich Fenster GmbH\\
       Postfach 9876\\
       67890 Hintermuster}
\yourmail{35.~5.~1997}
\sign{TT/XY}
\subject{Ihre Fensterlieferung}

\opening{Sehr geehrter Herr Panther,}

leider stürzen ihre Fenster ...

... danken Ihnen für Ihre Bemühungen.

\closing{Mit freundlichen Grüßen,}
\ps{Wir bitten um rasche Abhilfe}
\cc{Erika Mustermann}
\end{letter}
\end{document}
```

Abb. 2.6: Eingabe eines Briefes

Die Umgebung `letter` hat die Empfängeranschrift als Argument. Danach können Bezugsvermerke folgen, die durch die Befehle `\yoursign` (Ihr Zeichen), `\yourmail` (Ihre Nachricht vom), `\sign` (Unser Zeichen) und `\subject` (Betreff) ausgezeichnet werden.

Die Anrede wird durch den Befehl `\opening` gekennzeichnet, die abschließende Grußformel durch `\closing`.

Am Ende stellt der Befehl `\ps` ein Postskriptum zur Verfügung, der Befehl `\cc` Verteileranschriften, der Befehl `\encl` dient zur Ausweisung von Anlagen.

Kapitel 3

Feinheiten des Textsatzes

In diesem Kapitel werden einige Feinheiten des Textsatzes besprochen. Die Einhaltung dieser Regeln erleichtert das Lesen des Textes, auch wenn sie dem Schreibenden zunächst etwas mehr Arbeit bereitet.

Die Regeln sind von Sprache zu Sprache verschieden (englische und französische Texte verwenden jeweils eigene Regeln). Auch innerhalb des deutschen Sprachraumes gibt es Variationen von Verlag zu Verlag. Wichtig ist, dass die Regeln innerhalb eines Werkes einheitlich angewendet werden.

3.1 Leerzeichen

Leerzeichen stehen zwischen Wörtern. Ein Satzzeichen gehört stets zu dem vorangehenden Wort, auf das Satzzeichen folgt dann das Leerzeichen. Die Leerzeichen hinter einem Satzzeichen werden im Deutschen genauso wie normale Leerzeichen zwischen Wörtern behandelt.

Bei *Klammern* steht ein Leerzeichen an der Außenseite, aber keines an der Innenseite.

er, sie, es
Das ist ein Satz. Das ist ein anderer Satz.
Was? Wann? Warum?
Hallo! Hallo!
in (runden) Klammern

```
er, sie, es
Das ist ein Satz. Das
ist ein anderer Satz.
Was? Wann? Warum?
Hallo! Hallo!
in (runden) Klammern
```

Bsp. 3.1: Leerzeichen

Manchmal ist es wünschenswert, dass an einem Leerzeichen kein Zeilenumbruch stattfinden kann. Das *geschützte Leerzeichen* wird durch das Zeichen »~« dargestellt.

Dr. Maier	`Dr.~Maier`	Bsp. 3.2: Anwendungen des geschützten Leerzeichens
Nummer 5	`Nummer~5`	
10 Teile	`10~Teile`	

Kleinere Abstände als normal lassen sich mit dem Befehl `\,` erzeugen. Diese kleinen Abstände werden innerhalb von Abkürzungen und zur Unterteilung von langen Ziffernfolgen oder großen Zahlen benutzt.

z. B.	`z.\,B.`	Bsp. 3.3: Kleinere Abstände
d. h.	`d.\,h.`	
10 000 (zehntausend)	`10\,000 (zehntausend)`	
Die Telefonnummer ist 06 81/8 76 46 95.	`Die Telefonnummer ist 06\,81/8\,76\,46\,95.`	

3.2 Die verschiedenen Striche

In deutschsprachigen Texten kommen zwei verschiedene Striche vor, der Trenn- oder Bindestrich »-«, der immer kurz ist, und der Gedankenstrich »–«. Das mathematische Minuszeichen ist von beiden Strichen verschieden und wird immer im mathematischen Modus eingegeben.

Die Temperatur betrug −20 Grad.	`Die Temperatur betrug $-$20~Grad.`	Bsp. 3.4: Das Minuszeichen im Text

Der Trenn- oder Bindestrich wird stets als `-` eingegeben. Er wird zur Bildung zusammengesetzter Wörter benutzt und bei Aneinanderreihungen. Werden zusammengesetzte Wörter mit Eigennamen gebildet, so werden alle Namensbestandteile mit Bindestrichen durchgekoppelt. Auch der Ergänzungsstrich, der für ausgelassene Wortteile steht, wird als `-` eingegeben. TEX kann Wörter mit Bindestrichen immer hinter dem Bindestrich trennen. In bestimmten Sonderfällen ist die Trennung am Bindestrich unerwünscht. Ein geschützter Bindestrich kann durch `"~` eingegeben werden.

Arbeiter-Unfallversicherung	`Arbeiter-Unfallversicherung`
Johannes-Gutenberg-Straße	`Johannes-Gutenberg-Stra"se`
C-Programm	`C"~Programm`
20-jährig	`20"~j"ahrig`
bergauf und -ab	`bergauf und "~ab`

Bsp. 3.5: Der Bindestrich

Der Gedankenstrich wird als `--` eingegeben. Er hat drei Anwendungen. Als »Von-Bis-Strich« dient er der Kennzeichnung eines Intervalls. In diesem Fall wird er ohne Leerzeichen gesetzt. Der eigentliche Gedankenstrich – der einen Einschub in einen Satz oder eine längere Pause kennzeichnet – wird mit Leerzeichen auf beiden Seiten gesetzt. Auch bei der Verwendung als »Gegen-Strich« werden Leerzeichen gesetzt.

A–Z	`A--Z`
1969–80	`1969--80`
Ja – oder nein?	`Ja -- oder nein?`
FSV Mainz 05 – VfL Bochum	`FSV Mainz 05 -- VfL Bochum`

Bsp. 3.6: Der Gedankenstrich

Der Gedankenstrich ist so lang wie ein halbes *Geviert*. Damit ist er genauso lang, wie eine Ziffer breit ist. Der Geviertstrich, der durch `---` eingegeben wird, ist so lang wie zwei aufeinanderfolgende Ziffern (in den von LaTeX verwendeten Schriften haben alle Ziffern die gleiche Dickte[1]). Dies lässt sich beim Satz von Preisangaben ausnutzen.

–,50	`--,50`
1,—	`1,---`
2,50	`2,50`

Bsp. 3.7: Striche in Preisangaben

[1] Mit Dickte wird fachsprachlich die Breite eines Schriftzeichens bezeichnet.

3.3 Anführungszeichen

Die deutschen Anführungszeichen sind am Anfang tiefgestellt und sehen wie eine »99« aus. Am Ende sind sie hochgestellt und sehen wie eine »66« aus. Sie werden mit den Befehlen `"`` und `"'` eingeben. Wie bei den Klammern steht ein Leerzeichen an der Außenseite, aber keines an der Innenseite. Im Inneren von Zitaten werden einfache Anführungszeichen verwendet. Diese werden mit den Befehlen `\glq` (*german left quote*) und `\grq` (*german right quote*) aus dem Paket `ngerman` eingegeben.

`ngerman`

Statt der deutschen Anführungszeichen lassen sich auch umgekehrte französische Anführungszeichen mit den Spitzen nach innen verwenden. Diese werden mit den Befehlen `\frqq` und `\flqq` für die doppelten sowie `\frq` und `\flq` für die einfachen Anführungszeichen eingegeben.

Mit dem Paket `fontenc` und der Option `T1` vereinfacht sich die Eingabe der doppelten Anführungszeichen, die französischen Anführungszeichen lassen sich dann `>>` und `<<` schreiben.

`fontenc`

„Sagen Sie ‚A‘“	`"`Sagen Sie \glq A\grq\,"'`
»Sagen Sie ›A‹ «	`>>Sagen Sie \frq A\flq\,<<`

Bsp. 3.8: Deutsche Anführungszeichen

3.4 Abkürzungen und Punkte

Abkürzungen im Text sollten nach Möglichkeit vermieden werden. In den meisten Fällen ist der Gewinn an Lesbarkeit durch das Ausschreiben größer als die Platzersparnis durch die Abkürzung. Hinter Abkürzungen steht ein Punkt. Steht eine Abkürzung zufällig am Satzende, wird nur ein Punkt gesetzt. Am Satzanfang darf keine Abkürzung stehen.

Akronyme sind Kunstwörter, die aus den Anfangsbuchstaben mehrerer Wörter gebildet wurden. Einige davon sind uns heute so vertraut, dass wir sie gar nicht mehr als Abkürzungen erkennen (z. B. Laser, Radar). Manchmal werden Akronyme in Großbuchstaben geschrieben (z. B. NATO,

UNO) – im Zweifelsfall hilft der Blick in ein Wörterbuch. Hinter Akronymen steht *kein* Punkt.

Auslassungspunkte werden durch den Befehl `\dots` eingegeben. Dabei steht vor den Auslassungspunkten ein Leerzeichen, wenn ganze Wörter ausgelassen werden. Ohne Leerzeichen stehen sie, wenn Teile eines Wortes ausgelassen werden. Stehen Auslassungspunkte am Ende des Satzes, so folgt kein weiterer Punkt.

Er rief: Hilf...
Hier beginnt der Text ... und hier endet er.

```
Er rief: Hilf\dots
Hier beginnt der Text
\dots\ und hier endet er.
```

Bsp. 3.9: Auslassungspunkte

3.5 Das Et-Zeichen

Nach den Duden-Regeln wird das Et-Zeichen (&) nur in Firmenbezeichnungen und sonst nirgendwo verwendet. Es kann nicht direkt gesetzt werden, sondern wird durch den Befehl `\&` erzeugt.

Clausen & Bosse
Kupferberg & Cie.

```
Clausen \& Bosse
Kupferberg \& Cie.
```

Bsp. 3.10: Et-Zeichen

3.6 Ligaturen

Eine Ligatur besteht im Bleisatz aus einer einzigen Letter, auf der zwei oder mehr Buchstaben zusammen gegossen sind. Welche Ligaturen es gibt, ist von Schrift zu Schrift verschieden; die LaTeX-Schriften enthalten die folgenden 5 Ligaturen: ff, fi, fl, ffi und ffl. Die Ligaturen werden automatisch durch die Eingabe der Einzelbuchstaben erzeugt.

`ngerman`

Ligaturen dürfen Wortfugen nicht überspannen. Der Befehl `"|` aus dem Paket `ngerman` trennt eine Ligatur und stellt gleichzeitig eine Trennhilfe dar. Die Ligaturen ffi und ffl kamen im traditionellen deutschen Schriftsatz nicht vor. Sie sind aber in einigen Wörtern durchaus passend und sinnvoll zu verwenden.

Eine Gruppe von drei kleinen F zerfällt immer in eine ff-Ligatur und ein weiteres f; dies macht TEX automatisch richtig.

Mit Ligatur: Affe, finden, Pflanze, pfiffig, Souffleur, offiziell, Schifffahrt
Ohne Ligatur: Auflage, kopflos trefflich
	`Mit Ligatur: Affe,`
	`finden, Pflanze,`
	`pfiffig, Souffleur,`
	`offiziell,`
	`Schifffahrt\\`
	`Ohne Ligatur: Auf"|lage,`
	`kopf"los,`
	`treff"|lich`

Bsp. 3.11: Ligaturen

3.7 Besonderheiten englischer Texte

Im englischen Sprachraum ist es üblich, dass an Satzenden größere Abstände gesetzt werden als zwischen Wörtern. Dies wird von TEX weitgehend automatisch berücksichtigt (im Deutschen ist diese Einstellung durch das Paket `ngerman` geändert), nur in zwei Fällen ist Nachhilfe nötig. Steht ein Punkt hinter einem Großbuchstaben, so nimmt TEX an, dass es sich um eine Abkürzung handelt. Sollte dies nicht der Fall sein, muss vor den Punkt der Befehl `\@` gesetzt werden. Endet andererseits eine Abkürzung mit einem Kleinbuchstaben, muss nach diesem der Befehl `\␣` (oder ein geschütztes Leerzeichen) gesetzt werden, damit TEX hier kein Satzende annimmt.

`ngerman`

I take vitamin C. And you? cf. Fig. 5	`I take vitamin C\@. And you?` `cf.\ Fig.~5`

Bsp. 3.12: Leerzeichen im englischsprachigen Satz

Gedankenstriche und »Von-Bis-Striche« sind im englischen unterschiedlich lang. Für den Von-Bis-Strich wird der deutsche Gedankenstrich benutzt, der englische Gedankenstrich ist der Geviertstrich, der ohne Leerzeichen direkt an die benachbarten Wörter anschließt. Für Bindestriche wird, wie im deutschen auch, der einfache Trennstrich benutzt.

Bsp. 3.13: Bindestriche, Gedankenstriche und Von-Bis-Striche im englischsprachigen Satz

X-rays,	`X-rays,`
daughter-in-law	`daughter-in-law`
pages 42–63	`pages 42--63`
yes—or no?	`yes---or no?`

Englische Anführungszeichen stehen immer oben, am Anfang sehen sie wie die Zahl »66« aus, am Ende wie »99«. Sie werden durch `` und '' eingeben. Im Innern von Zitaten werden einfache Anführungszeichen verwendet.

Bsp. 3.14: Englische Anführungszeichen

“Please type ‘x’ ”	``` ``Please type `x'\,'' ```

Im englischen Sprachraum werden Dezimalzahlen meist mit einem Punkt geschrieben, wobei in den USA der normale Punkt benutzt wird, während in Großbritannien ein höher stehender Punkt, der mit dem Befehl `\textperiodcentered` gesetzt wird, bevorzugt wird. Im verbreiteten Zeichensatz ISO-8859-1 (Latin-1) ist dieser Punkt enthalten; falls das Paket `inputenc` mit der Option `latin1jk` geladen ist, kann dieser Punkt direkt von der Tastatur eingegeben werden.

`inputenc`

Bsp. 3.15: Dezimalzahlen in englischsprachigen Texten

3.141	`3.141`
3·141	`3\textperiodcentered 141`
3·141	`3·141`

Ordnungszahlen werden im Englischen durch hochgestellte Buchstaben gekennzeichnet. Diese werden mit dem Befehl `\textsuperscript` eingegeben.

1st	`1\textsuperscript{st}`	Bsp. 3.16: Ordnungszahlen im Englischen
2nd	`2\textsuperscript{nd}`	
3rd	`3\textsuperscript{rd}`	
4th	`4\textsuperscript{th}`	

Kapitel 4

Tabellen

4.1 Die Platzierung einer Tabelle

Eine Tabelle ist oft ein recht sperriges Objekt. Sie ist verhältnismäßig groß und sollte nicht mitten auf der Seite erscheinen, sondern besser oben oder unten. Sie ist dadurch in gewissem Sinn vom restlichen Text abgekoppelt. Zur Einbindung einer Tabelle dient die Umgebung `table`. Diese Umgebung leistet das Folgende:

- Die Tabelle wird an einen geeigneten Platz verschoben. Hierbei achtet LaTeX darauf, dass die Reihenfolge der Tabellen und Abbildungen nicht durcheinanderkommt.
- Mit dem Befehl `\caption` wird die Über- bzw. Unterschrift der Tabelle erstellt. Die Tabelle wird dabei automatisch nummeriert und ein Tabellenverzeichnis kann durch `\listoftables` erzeugt werden.
- Es sind im Text Bezüge auf die Tabelle möglich, wobei sowohl die Nummer der Tabelle als auch ihre Seitenzahl genutzt werden können. Wichtig ist hierbei, dass der Befehl `\label`, mit dem der Tabelle eine Marke zugewiesen wird, *nach* dem Befehl `\caption` steht.

Tab. 4.1: Eine Mustertabelle

(Tabelle)

```
\begin{table}
\caption{Eine Mustertabelle}\label{tab:muster}
(Tabelle)
\end{table}
```


Bsp. 4.1: Wirkung der Umgebung `table`

In den Standardklassen von $\LaTeX\ 2_\varepsilon$ richtet sich die Lage der Legende nach der Lage des Befehls `\caption`: Steht dieser vor der Tabelle, so wird eine Überschrift gesetzt, steht er hinter der Tabelle, dann entsteht eine Unterschrift. Mit dem Paket `float` von Anselm Lingnau lassen sich Stile festlegen, so dass die Tabellen einheitlich gestaltet werden. `float`

Die Platzierung der Tabelle kann durch das optionale Argument der Umgebung `table` beeinflusst werden. In diesem optionalen Argument bedeuten die Buchstaben `h` (*here*) eine Positionierung mitten im Text, `t` (*top*) oben auf der Seite, `b` (*bottom*) unten auf der Seite und `p` (*page*) auf einer eigenen Seite. Die Buchstaben werden stets in der Reihenfolge `htbp` abgearbeitet, gleich in welcher Reihenfolge sie angegeben sind. Um eine Platzierung oben auf der Seite zu unterdrücken, muss daher der Buchstabe `t` ganz fehlen. Die Voreinstellung der Platzierungsoptionen in LaTeX ist `tbp`, was für die meisten praktischen Zwecke ausreicht.

Eine besondere Option ist das Ausrufezeichen `!` (*bang*). Es darf nur zusammen mit mindestens einer weiteren Option verwendet werden und bedeutet, dass vorübergehend alle Platzierungsbeschränkungen (etwa die maximale Anzahl von Bildern und Tabellen auf einer Seite) aufgehoben sind.

Die Platzierung von Bildern und Tabellen wird durch verschiedene Einschränkungen gesteuert. Die Zähler `topnumber`, `bottomnumber` und `totalnumber` beschränken die Anzahl der Bilder und Tabellen am oberen Seitenrand, am unteren Seitenrand bzw. deren Gesamtzahl. Der Zähler `dbltopnumber` beschränkt die Anzahl der einspaltigen Bilder und Tabellen am Kopf einer zweispaltigen Seite.

Die Anteile `\topfraction` und `\bottomfraction` bestimmen die maximale Höhe, die von Bildern und Tabellen oben bzw. unten auf der Seite eingenommen werden kann. Der Anteil `\dbltopfraction` bestimmt die maximale Höhe von einspaltigen Bildern und Tabellen oben auf einer zweispaltigen Seite.

Der Anteil `\floatpagefraction` bestimmt den minimalen Anteil von Bildern und Tabellen an einer Seite, die ausschließlich mit Bildern und Tabellen gefüllt ist. Bei einem zweispaltigen Seiten-Layout benutzt LaTeX hierzu den Anteil `\dblfloatpagefraction`. Der Anteil `\textfraction` be-

```
\setcounter{topnumber}{2}
\renewcommand\topfraction{0.7}
\setcounter{bottomnumber}{1}
\renewcommand\bottomfraction{0.3}
\setcounter{totalnumber}{3}
\renewcommand\textfraction{0.2}
\renewcommand\floatpagefraction{0.5}
\setcounter{dbltopnumber}{2}
\renewcommand\dbltopfraction{0.7}
\renewcommand\dblfloatpagefraction{0.5}
```

Abb. 4.1: Die Voreinstellungen der Platzierungsparameter

stimmt den minimalen Anteil von Text, der auf einer Seite mit Bildern und Tabellen verbleiben muss.

Die Zähler können durch den Befehl `\setcounter` umgesetzt werden. Die Anteile können mit Hilfe des Befehls `\renewcommand` umdefiniert werden. Diese Einstellungen sollten in einem eigenen Makropaket oder in der Präambel des Dokumentes vorgenommen werden.

Bei einer Änderung der Anteile ist Vorsicht geboten. Es ist möglich, die Anteile so ungeschickt zu wählen, dass Bilder und Tabellen einer bestimmten Größe gar nicht mehr platziert werden können. Die Voreinstellungen der Standardklasse `article` sind in der Abbildung 4.1 angegeben.

`article`

4.2 Der Aufbau einer Tabelle

Die Tabelle selbst wird mit Hilfe der Umgebung `tabular` gestaltet. Diese Umgebung hat die Syntax

`\begin{tabular}[`*vertikale Position*`]{`*Spaltenerklärung*`}`
Tabellenkörper
`\end{tabular}`

Die vertikale Position kann entweder den Wert `t` (top) oder `b` (bottom) haben. Damit lassen sich Tabellen bezüglich der Grundlinie verschieben. Wenn diese Angabe weggelassen wird, dann wird die Tabelle vertikal zentriert ausgerichtet.

In der Spaltenerklärung wird jede Spalte durch einen Buchstaben gekennzeichnet. Dabei gibt es die folgenden Möglichkeiten:

`l` Eine linksbündige Spalte

`r` Eine rechtsbündige Spalte

`c` Eine zentrierte Spalte

`p{`*Breite*`}` Eine Spalte mit Fließtext, dessen Breite durch den Wert von *Breite* gegeben ist.

l	r	c	p{4cm}
links	rechts	zentriert	Fließtext mit einer Breite von 4 cm, den LaTeX automatisch umbricht.

```
\begin{tabular}{lrcp{4cm}}
l     & r      & c          & p\{4cm\} \\
links & rechts & zentriert  & Flie"stext mit einer
                              Breite von 4\,cm, den
                              \LaTeX\ automatisch
                              umbricht.
\end{tabular}
```

Bsp. 4.2: Die Spaltentypen einer Tabelle

Die Tabelle selbst wird zeilenweise eingegeben, wobei das Et-Zeichen `&` als Spaltentrenner dient und der doppelte Rückwärtsschrägstrich \\ das Ende einer Tabellenzeile kennzeichnet.

4.3 Linien in Tabellen

Senkrechte Linien in der Tabelle werden in der Spaltenerklärung durch das Zeichen | beschrieben. Die Linien gehören dabei stets zur vorangehenden Spalte, nur die Linien am linken Rand der Tabelle gehören zur ersten Spalte. Doppelte senkrechte Linien werden durch || erklärt.

Der Befehl `\hline` zeichnet eine waagrechte Linie, die die gesamte Tabellenbreite einnimmt. Eine waagrechte Linie, die nur bestimmte Spalten unterstreicht, wird durch den Befehl `\cline{`*Spaltennummer 1–Spaltennummer 2*`}` eingegeben. Die Spalten werden dabei von links nach rechts gezählt, die Nummerierung beginnt mit der Zahl 1. Während die durchgezogenen waagrechten Linien verdoppelt werden können, ist dies für die Unterstreichung einzelner Spalten nicht möglich.

l	r	c	p{4cm}
links	rechts	zentriert	Fließtext mit einer Breite von 4 cm, den LaTeX automatisch umbricht.
left	right	center	paragraph

```
\begin{tabular}{|l|r|c||p{4cm}|}
\hline
l     & r      & c          & p\{4cm\} \\
\hline\hline
links & rechts & zentriert & Flie"stext mit einer
                               Breite von 4\,cm, den
                               \LaTeX\ automatisch
                              umbricht. \\
\cline{1-3}
left  & right  & center     & paragraph\\
\hline
\end{tabular}
```

Bsp. 4.3: Tabelle mit Linien

4.4 Spezielle Spaltentypen

Durch die Deklaration `@{`*bel. Zeichen*`}` lassen sich beliebige Zeichen am Rand einer Spalte einfügen. Insbesondere werden durch `r@{,}l` zwei Spalten für die Ausgabe von Dezimalzahlen erklärt, die am Komma ausgerichtet sind. Eine Alternative zu dieser Art der Deklaration bietet des Paket `dcolumn` von David Carlisle, das im LaTeX-Begleiter [Mittelbach et al. 2004] beschrieben ist.

`dcolumn`

Durch die Erklärung

`*{`*Anzahl der Wiederholungen*`}{`*Spaltenerklärung*`}`

lässt sich die Angabe vieler gleichartiger Spalten abkürzen und übersichtlicher gestalten. So ist die Angabe `*{6}{c}` zur Angabe `cccccc` gleich.

Der Befehl `\multicolumn` in einer Zeile fasst mehrere Spalten zu einer zusammen. Die Syntax ist

> `\multicolumn{`*Anzahl der zusammengefassten Spalten*`}` `{`*Spaltenerklärung*`}{`*Inhalt*`}`

Dieser Befehl ist besonders bei Spaltenüberschriften nützlich.

Name	Wert
Kreiszahl	3,141593
Basis des nat. Logarithmus	2,718282
Euler-Mascheroni-Konstante	0,577216

```
\begin{tabular}{lr@{,}l}
\hline
Name        & \multicolumn{2}{c}{Wert} \\
\hline
Kreiszahl                  & 3&141593 \\
Basis des nat. Logarithmus & 2&718282 \\
Euler-Mascheroni-Konstante & 0&577216 \\
\hline
\end{tabular}
```

Bsp. 4.4: Mathematische Konstanten

An beiden Rändern der Spalte fügt LaTeX einen Zwischenraum ein, dessen Breite durch `\tabcolsep` gegeben ist. Der Wert von `\tabcolsep` ist durch die Dokumentenklasse festgelegt. Der Zwischenraum lässt sich durch die Angabe von `@{}` unterdrücken. Dies ist besonders bei den beiden äußeren Spalten sinnvoll, die ansonsten eingerückt werden.

so	so	so	so

```
\begin{tabular}{|c|@{}c|c@{}|@{}c@{}|}
\hline          so & so & so & so     \\ \hline
\end{tabular}
```

Bsp. 4.5: Unterdrückung des Spaltenabstandes

4.5 Tabellen bestimmter Breite

Bei der Umgebung `tabular` berechnet LaTeX die Breite der Tabelle automatisch. Mit der Umgebung `tabular*` legt man die Breite der Tabelle selbst fest. Die Syntax ist

```
\begin{tabular*}{Breite}[vertikale Position]%
{Spaltenerklärung}
Tabellenkörper
\end{tabular*}
```

Die Breite kann dabei durch ein explizites Maß angegeben werden (z. B. `10cm`) oder durch LaTeX-Befehle. Besonders nützlich ist hierbei der Befehl `\columnwidth`, der die Breite der Textspalte angibt. Der Befehl `\textwidth` gibt die Breite des Textbereiches an (ohne Marginalspalten). Bei einspaltigem Satz stimmen `\textwidth` und `\columnwidth` überein.

Der Abstand zwischen den Spalten ist normalerweise nicht dehnbar. Dehnbare Spaltenabstände lassen sich durch die Angabe `@{\extracolsep{\fill}}` erklären.

Name	Abteilung	Telefon
Michel Deutsch	Lokalisierung	6789
Erika Mustermann	GNU-Software	1234

```
\begin{tabular*}{\textwidth}%
 {@{}l@{\extracolsep{\fill}}%
     l@{\extracolsep{\fill}}r@{}}
\hline
Name             & Abteilung     & Telefon \\
\hline
Michel Deutsch   & Lokalisierung & 6789    \\
Erika Mustermann & GNU-Software  & 1234    \\
\hline
\end{tabular*}
```

Bsp. 4.6: Eine Tabelle in Textbreite

4.6 Lange Tabellen

Tabellen, die nicht auf eine Seite passen, können nicht mit den Standardumgebungen `tabular` oder `tabular*` erstellt werden. Hier helfen die Pakete `supertabular` von Johannes Braams, und `longtable` von David Carlisle.

supertabular
longtable

Das Paket `supertabular` definiert die zwei Umgebungen `supertabular` und `supertabular*`, die die Standardumgebungen `tabular` bzw. `tabular*` erweitern.

supertabular

Mit dem Befehl `\tablehead` wird der Kopf der Tabelle definiert. Der Befehl `\tablefirsthead` gibt den ersten Tabellenkopf. Mit `\tabletail` wird der Fuß der Tabelle definiert, mit `\tablelasttail` der letzte Tabellenfuß. Die Überschrift wird mit `\tablecaption` definiert. Soll statt der Überschrift eine Unterschrift benutzt werden, so kann diese durch `\bottomcaption` angegeben werden.

```
\bottomcaption{Metrische Vors"atze}
\tablecaption{}
\tablefirsthead{\hline
  Name & Abk"urzung & Zehnerpotenz \\ \hline}
\tablehead{\hline
 \multicolumn{3}{l}{\textsl{\dots\ Fortsetzung}}\\
 Name & Abk"urzung & Zehnerpotenz \\ \hline}
\tabletail{\hline
 \multicolumn{3}{r}{\textsl{Fortsetzung \dots}}\\
 \hline}
\tablelasttail{\hline}
\par
\begin{supertabular}{lll}
Yotta & Y & $10^{24}$ \\
...
Yocto & y & $10^{-24}$ \\
\end{supertabular}
```

Name	Abkürzung	Zehnerpotenz
Yotta	Y	10^{24}
Zetta	Z	10^{21}
		Fortsetzung …

... Fortsetzung		
Name	Abkürzung	Zehnerpotenz
Exa	E	10^{18}
Peta	P	10^{15}
Tera	T	10^{12}
Giga	G	10^{9}
Mega	M	10^{6}
Kilo	k	10^{3}
Hekto	h	10^{2}
Deka	da	10^{1}
Dezi	d	10^{-1}
Zenti	c	10^{-2}
Milli	m	10^{-3}
Mikro	µ	10^{-6}
Nano	n	10^{-9}
Pico	p	10^{-12}
Femto	f	10^{-15}
Atto	a	10^{-18}
Zepto	z	10^{-21}
Yocto	y	10^{-24}

Tab. 4.2: Metrische Vorsätze

Bsp. 4.7: Eine lange Tabelle mit `supertabular`

Nicht verwendete Befehle (wie `\tablecaption` im obigen Beispiel) sollten stets als leer (`{}`) definiert werden, sonst übernimmt LaTeX die Definition von der vorhergehenden langen Tabelle.

4.7 Hinweise zur Gestaltung von Tabellen

Bei der Gestaltung von Tabellen gilt der Grundsatz, dass weniger oft mehr ist. Eine gut gestaltete Tabelle macht es dem Leser leicht, die in ihr enthaltene Information zu erfassen.

Die folgende Tabelle stammt aus dem LaTeX-Handbuch [Lamport 1994]. Viele der in LaTeX möglichen Effekte werden eingesetzt; sicher auch um deren Anwendung zu zeigen.

gnats	gram	$13.65
	each	.01
gnu	stuffed	92.50
emu		33.33
armadillo	frozen	8.99

```
\begin{tabular}{||l|lr||} \hline
gnats      & gram      & \$13.65 \\
              \cline{2-3}
           & each      & .01 \\ \hline
gnu        & stuffed   & 92.50 \\
\cline{1-1}                 \cline{3-3}
emu        &           & 33.33 \\ \hline
armadillo  & frozen    & 8.99 \\ \hline
\end{tabular}
```

Bsp. 4.8: Gestaltung einer Tabelle (1)

Die Information ist immerhin klar präsentiert. Im Buchsatz gelten dennoch andere Regeln für Tabellen. Diese Regeln lassen sich wie folgt zusammenfassen:

- Es werden möglichst wenig Linien verwendet.
- Es werden keine senkrechten Linien verwendet.
- Es werden keine doppelten Linien verwendet.
- Die Tabelle wird oben und unten durch dickere Linien abgegrenzt.
- Maßeinheiten stehen im Tabellenkopf (und nicht in den einzelnen Zeilen).
- Dezimalzahlen beginnen stets mit einer Ziffer, also heißt es 0.1 (bzw. 0,1 im Deutschen) statt .1.
- Es werden keine »Unterführungen« (") verwendet. Normalerweise genügt es, Platz frei zu lassen. Ist dies nicht eindeutig genug, wird die Angabe wiederholt.

Nicht alle dieser Regeln lassen sich einfach mit der Standardumgebung `tabular` umsetzen. Zur Erweiterung dieser Umgebung gibt es das Paket `booktabs` von Simon Fear. In diesem Paket werden die Standardbefehle `\hline` und `\cline` durch die neuen Befehle `\toprule`, `\midrule` und `\bottomrule` sowie `\cmidrule` ersetzt. Hier sind `\toprule`

`booktabs`

und \bottomrule die Befehle für die obere und untere Begrenzungslinie, während \midrule für waagerechte Linien innerhalb der Tabelle steht. Interessant ist \cmidrule, der Ersatz für \cline: Ein zusätzliches Argument in runden Klammern erlaubt, dass die Linie an einem oder an beiden Enden ein wenig gestutzt wird. Mögliche Angaben sind (r), (l), (rl) oder (lr). Die vollständige Syntax des Befehls lautet

\cmidrule[*Dicke*](*Enden*){*Spalten*}
Beispiel: \cmidrule(r){1-2}

Item		
Animal	Description	Price ($)
Gnat	per gram	13.65
	each	0.01
Gnu	stuffed	92.50
Emu	stuffed	33.33
Armadillo	frozen	8.99

```
\begin{tabular}{@{}llr@{}}
\toprule
\multicolumn{2}{c}{Item} \\
\cmidrule(r){1-2}
Animal    & Description & Price (\$)\\
\midrule
Gnat      & per gram    & 13.65\\
          & each        &  0.01\\
Gnu       & stuffed     & 92.50\\
Emu       & stuffed     & 33.33\\
Armadillo & frozen      &  8.99\\
\bottomrule
\end{tabular}
```

Bsp. 4.9: Gestaltung einer Tabelle (2)

Die Tabelle nutzt den Platz bis an die Ränder vollständig aus und erscheint nicht eingezogen. Dies wurde durch die Deklarationen @{} am Anfang und am Ende der Spaltenerklärung erreicht.

4.8 Tabulatoren

Der Verwendung von Tabulatoren auf der Schreibmaschine ist die Umgebung `tabbing` nachempfunden. In der ersten Zeile werden die Tabulatoren mit dem Befehl \= gesetzt. Die Musterzeile kann mit dem Befehl `\kill` unterdrückt werden. In den Folgezeilen springt der Befehl \> zur nächsten Tabulatorposition.

Mit dem Befehl \+ wird vereinbart, für die folgenden Zeilen nicht am linken Rand sondern beim ersten Tabulator anzufangen. Mehrere \+ addieren sich, sie werden durch \- wieder aufgehoben.

In der Umgebung `tabbing` sind automatische Seitenumbrüche möglich. Einige LaTeX-Befehle haben nicht ihre normale Bedeutung; die Akzentbefehle \', \` und \= müssen durch `\a'`, `` \a` `` und `\a=` ersetzt werden. Die Trennhilfe \- kann in der Umgebung `tabbing` nicht verwendet werden.

Abteilung	Mitarbeiter	Telefon
GNU-Software	Erika Mustermann	1234
	Paul Panther	4321
	Thea Tiger	9876
Lokalisierung	Michel Deutsch	6789

```
\begin{tabbing}
GNU-Software 9\=Erika Mustermann 9\=Telefon\kill
Abteilung    \> Mitarbeiter      \> Telefon \\
GNU-Software \> Erika Mustermann \> 1234 \+\\
                Paul Panther     \> 4321 \\
                Thea Tiger       \> 9876 \-\\
Lokalisierung \> Michel Deutsch  \> 6789
\end{tabbing}
```

Bsp. 4.10: Tabulatoren

Kapitel 5

Grafische Effekte im Text

In diesem Kapitel werden verschiedene grafische Effekte aufgezeigt. Alle vorgestellten Effekte funktionieren sowohl mit pdfLaTeX als auch mit klassischem LaTeX und dem freien Druckertreiber dvips. Für Drucker, die selbst kein PostScript beherrschen, ist es möglich die Ausgabe von dvips mit dem freien Programm ghostscript (gs) in die druckereigene Sprache umzuwandeln und dann zu drucken. Mit dem ebenfalls freien Programm ghostview (gv) kann PostScript auf dem Bildschirm angeschaut werden.

Farbeffekte setzen selbstverständlich einen Farbdrucker voraus.

graphics
graphicx

LaTeX 2_ε kennt zwei verschiedene Grafikpakete, `graphics` und `graphicx`. Der Umfang beider Pakete ist gleich, sie unterscheiden sich allerdings durch die Art der Auszeichnung. In diesem Buch wird die Syntax des Paketes `graphicx` vorgestellt.

5.1 Unterstreichungen

In Büchern wird eine Hervorhebung normalerweise durch *kursive Schrift* ausgezeichnet. Unterstreichungen werden vermieden.

ulem

Das Paket `ulem` von Donald Arseneau stellt verschiedene Formen von Unterstreichungen und Durchstreichungen zur Verfügung. Wird es ohne Optionen geladen, so wird der Standardbefehl `\emph` als Unterstreichungsbefehl interpretiert. Dies lässt sich durch die Option `normalem` vermeiden. Der Befehl `\uline` unterstreicht, der Befehl `\uwave` unterschlängelt, der Befehl `\sout` ~~streicht aus~~ und der Befehl `\xout` kreuzt aus.

5.2 Kästen

LaTeX 2ε kennt Kästen mit und ohne Rahmen. Der Befehl \mbox erzeugt einen Kasten ohne Rahmen. Sein Sinn besteht darin, den Inhalt des Kastens zusammenzuhalten und einen Umbruch oder eine Trennung zu verhindern. Der Befehl \fbox erzeugt einen Rahmen um den eingeschlossenen Text. Auf diese Weise können wichtige Textteile hervorgehoben werden.

Von den Kastenbefehlen gibt es lange Varianten mit zusätzlichen Optionen. Die Befehle \makebox und \framebox können bis zu zwei optionale Argumente haben. Das erste gibt die Breite des Kastens an, das zweite die Position des Textes innerhalb des Kastens. Hierbei sind die Werte c (zentriert), r (rechtsbündig), l (linksbündig) oder s (*stretch*, der Inhalt wird – wenn möglich – auf die Breite des Kastens gedehnt).

Die Telefonnummer ist 06 81/8 76 46 95

Wichtig:

so

```
Die Telefonnummer ist
\mbox{06\,81/8\,76\,46\,95}
\fbox{Wichtig:}

\framebox[3cm][r]{so}
```

Bsp. 5.1: Kästen

Der Rahmen eines Kastens wird von zwei Parametern beeinflusst. Die Länge \fboxsep bestimmt den Abstand des Inhaltes von den Kanten und die Länge \fboxrule gibt die Linienstärke an. Die Voreinstellungen betragen 3 Punkt für \fboxsep und 0,4 Punkt für \fboxrule. Stärkere Linien erwecken schnell den Eindruck eines Trauerrandes.

Pietät

```
\setlength\fboxsep{10pt}
\setlength\fboxrule{2pt}
\fbox{Piet"at}
```

Bsp. 5.2: Veränderung der Rahmenparameter

Die Form der Rahmen lässt sich mit Hilfe des Paketes fancybox von Timothy van Zandt variieren. Es enthält

fancybox

Kästen, die Schatten werfen, doppelt gerahmte Kästen sowie Kästen mit abgerundeten Ecken. Die zugehörigen Befehle sind \shadowbox, \doublebox, \ovalbox und \Ovalbox. Die beiden Versionen von \ovalbox unterscheiden sich in der Stärke der Linien, die großgeschriebene Version benutzt stärkere Linien, wie sie auch der Befehl \thicklines in der Umgebung picture erzeugt.

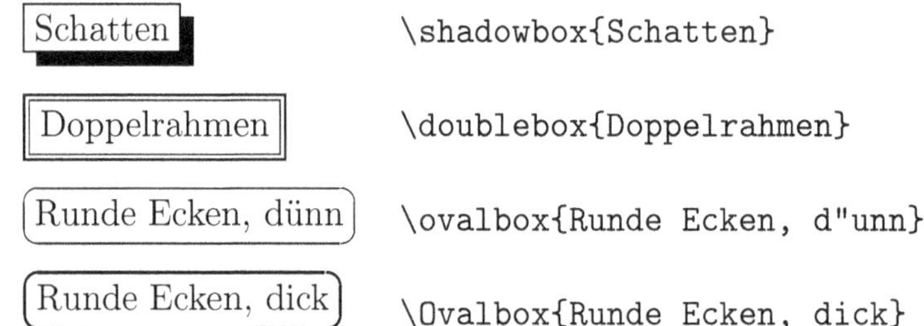
Schatten
\shadowbox{Schatten}
Doppelrahmen
\doublebox{Doppelrahmen}
Runde Ecken, dünn
\ovalbox{Runde Ecken, d"unn}
Runde Ecken, dick
\Ovalbox{Runde Ecken, dick}

Bsp. 5.3: Kasten-Variationen

5.3 Spiegeln, Drehen und Verzerren

graphicx

Mit Hilfe des Paketes graphicx lassen sich Kästen spiegeln, drehen und verzerren. Der Befehl \reflectbox spiegelt den Inhalt eines Kastens, der Befehl \scalebox vergrößert oder verkleinert ihn um einen gegebenen Faktor, der Befehl \resizebox stellt eine gewünschte feste Größe ein, und der Befehl \rotatebox dreht um einen gegebenen Winkel gegen den Uhrzeigersinn (↺). Der Befehl \scalebox hat ein optionales Argument. Wird dieses angegeben, werden die horizontale und die vertikale Dimension mit unterschiedlichen Faktoren skaliert, wobei die erste Angabe die horizontale Skalierung und die zweite die vertikale Skalierung beschreibt. Der Befehl \resizebox braucht sowohl die horizontale als auch die vertikale Ausdehnung als Größenangaben.

Spiegelschrift	`\reflectbox{Spiegelschrift}`
Größer	`\scalebox{2}{Gr"o"ser}`
Kleiner	`\scalebox{.5}{Kleiner}`
Breit	`\scalebox{2}[1]{Breit}`
Hoch	`\scalebox{1}[2]{Hoch}`
ABC	`\resizebox{5mm}{5mm}{ABC}`
...hochkant...	`\rotatebox{90}{hochkant}`
...Kopfstand...	`\rotatebox{180}{Kopfstand}`
...Schräg ...	`\rotatebox{45}{Schr"ag}`

Bsp. 5.4: Spiegeln, Verzerren und Drehen von Kästen

Der Drehpunkt beim Befehl `\rotatebox` ist normalerweise der Punkt, der am linken Rand des Kastens auf der Bezugslinie liegt. Ein anderer Drehpunkt lässt sich durch das optionale Argument mit dem Schlüsselwort `origin` wählen. Diesem Schlüsselwort wird ein Wert aus zwei Buchstaben zugewiesen. Der erste Buchstabe bezeichnet die horizontale Position, wobei die Werte `l` (links), `c` (*center*, Mitte) und `r` (rechts) möglich sind. Der zweite Buchstabe bezeichnet die vertikale Position, wobei `t` (*top*, oben), `c` (*center*, Mitte), `B` (*baseline*, Bezugslinie) und `b` (*bottom*, unten) möglich sind.

...–tr–...	`\dots\rotatebox[origin=tr]` `{90}{--tr--}\dots`
...–cc–...	`\dots\rotatebox[origin=cc]` `{90}{--cc--}\dots`

Bsp. 5.5: Variation des Drehpunktes

Eine andere Art von Kasten wird durch den Standardbefehl `\parbox` zur Verfügung gestellt. Mit seiner Hilfe ist es möglich, Text nebeneinander anzuordnen. Die Syntax ist

```
\parbox[vert. Position]{Breite}{Inhalt}
```

Die Angabe der vertikalen Position ist optional, möglich sind `c` (zentriert, dies ist die Voreinstellung), `b` (*bottom*, der Kasten »steht« auf der Bezugslinie) oder `t` (*top*, die erste Zeile im Kasten liegt auf der Bezugsline, der Rest »hängt« nach unten).

```
                      bb
             cc       bb
Bezugslinie  cc  Text bb  Text tt  Text.
             cc                tt
                               tt
```

Bsp. 5.6: Die Wirkung des Befehls `\parbox`

```
Bezugslinie \parbox{1cm}{cc cc cc}
Text \parbox[b]{1cm}{bb bb bb} Text
\parbox[t]{1cm}{tt tt tt} Text.
```

Flexibler als der Befehl `\parbox` ist die Standardumgebung `minipage`. Ihre Syntax gleicht dem Befehl `\parbox`, allerdings ist ihr Inhalt nicht Argument eines Befehls. Die Umgebung `minipage` stellt eine kleine »Seite in der Seite« zur Verfügung, die sogar eigene Fußnoten kennt.

Dies ist eine kleine »Seite in der Seite«[a]

[a]Mit einer Fußnote!

Bsp. 5.7: Die Umgebung `minipage`

```
\begin{minipage}[b]{4cm}
Dies ist eine kleine >>Seite in der
Seite<<\footnote{Mit einer Fu"snote!}
\end{minipage}
```

5.4 Farbe

`color`

Das Paket `color` dient der Einbindung von Farbe in $\LaTeX\,2_\varepsilon$. Mit seiner Hilfe ist es möglich, eigene Farben zu definieren,

Text oder Hintergrund einzufärben sowie farbige Abbildungen zu erstellen. Auch innerhalb mathematischer Formeln kann Farbe verwendet werden.

Speziellere Pakete, die Farbe verwenden, sind `seminar` und `pstricks` von Timothy van Zandt sowie `colortbl` von David Carlisle. `seminar` `pstricks` `colortbl`

5.4.1 Farbmodelle

Um Farbe zu beschreiben, ist ein Farbmodell erforderlich. Die einfachste Möglichkeit ist es, eine Farbe durch einen vereinbarten Namen zu beschreiben. Dies ist das named-Modell von LaTeX 2_ε. LaTeX 2_ε kennt *immer* die folgenden 8 Farben: `white` (weiß), `black` (schwarz), `red` (rot), `green` (grün), `blue` (blau), `yellow` (gelb), `magenta` (magenta) und `cyan` (zyan). Der Druckertreiber dvips kennt insgesamt 68 Farben mit Namen wie `Goldenrod` (gelbrot), `RoyalBlue` (königsblau) oder `Purple` (purpur). Andere Treiber – z. B. für pdfLaTeX – können diese Farbnamen nutzen, wenn das Paket `color` mit der Option `dvipsnames` geladen wird. Alle 68 Farben sind auf Farbtafel IV abgebildet. `color`

Bildschirmfarben entstehen durch additive Farbmischung aus den 3 Grundfarben rot, grün und blau. Das rgb-Modell beschreibt eine Farbe durch die numerischen Anteile dieser Grundfarben, dabei entspricht $(0, 0, 0)$ der Farbe schwarz und $(1, 1, 1)$ der Farbe weiß. Gelb entsteht durch die Mischung von rot und grün.

Druckerfarben entstehen durch subtraktive Farbmischung der 4 Grundfarben zyan, magenta, gelb und schwarz. Das cmyk-Modell beschreibt eine Farbe durch die numerischen Anteile der 4 Grundfarben. Rot entsteht durch Mischung von magenta und gelb, blau durch Mischung von zyan und magenta.

Zuletzt sei noch das gray-Modell erwähnt, welches Graustufen beschreibt. Hierbei entspricht ein Wert von 1 weiß und 0 schwarz.

Die Farben sind grundsätzlich *deckend.* Werden zwei farbige Objekte übereinander gesetzt, so deckt das obere Objekt das darunterliegende zu, ohne dass dieses noch durchscheint.

5.4.2 Farbwiedergabe

Mit einem Farbmodell lassen sich Farben idealisiert beschreiben. Die Farbwiedergabe kann diesem Ideal nahe kommen, es aber im allgemeinen nicht erreichen.

Bildschirme können Farben besser wiedergeben als der Ausdruck auf Papier. Das Papier ist niemals ideal weiß, und auch die Druckertinten können die Grundfarben nur annähern. In Farbbildern können daher beim Ausdruck feine Details verloren gehen, die am Bildschirm noch gut zu erkennen waren.

Für die im folgenden gezeigten Anwendungen spielen die Feinheiten der Farbwiedergabe keine Rolle.

5.4.3 Definition von Farben

Der Befehl `\definecolor` definiert eine neue Farbe. Er hat die Syntax

`\definecolor{`*Name*`}{`*Farbmodell*`}{`*Werte*`}`

Bsp. 5.8: Einige Farbdefinitionen

```
\definecolor{gruen}{named}{green}
\definecolor{rot}{rgb}{1.0,0.0,0.0}
\definecolor{rosa}{cmyk}{0.0,0.5,0.5,0.0}
\definecolor{hellgrau}{gray}{0.95}
\definecolor{grau}{gray}{0.7}
\definecolor{orange}{named}{Orange}
\definecolor{purple}{named}{Purple}
```

5.4.4 Die Benutzung von Farbe

Der einfachste Farbbefehl ist `\color`, der die gewünschte Farbe als Argument hat. Er stellt die Farbe des Textes dauerhaft um, seine Wirkung kann durch Einschließen in eine Gruppe begrenzt werden. Der Befehl `\textcolor` druckt ein kurzes Stück farbigen Textes.

Dies ist schwarz. Und das ist grauer Text. Hier geht es weiter wie zuvor.

Dies ist grau hervorgehobener Text.

```
Dies ist schwarz.
{\color{grau} Und das
ist grauer Text.} Hier
geht es weiter wie zuvor.

Dies ist \textcolor{grau}{grau
hervorgehobener} Text.
```

Bsp. 5.9: Benutzung von Farbe

Der Seitenhintergrund kann mit dem Befehl `\pagecolor` eingefärbt werden. Dieser Befehl wirkt als globaler Schalter und kann durch `\pagecolor{white}` wieder aufgehoben werden.

Farbige Kästen können durch die Befehle `\colorbox` und `\fcolorbox` dargestellt werden. Die Syntax der Befehle ist

`\colorbox{`*Farbe*`}{`*Text*`}`
`\fcolorbox{`*Rahmenfarbe*`}{`*Farbe*`}{`*Text*`}`

Anwendungen sind in Beispiel 4 auf Farbtafel I gezeigt.

5.4.5 Farbkombinationen

5.4.5.1 Heraldische Farbkombinationen

Es bedarf einiger Erfahrung, um verschiedene Farben miteinander zu kombinieren. Seit langem bewährt sind die Farbkombinationen der Heraldik (Wappenkunde).

Hierbei unterscheidet man die Farben rot, grün, blau und schwarz von den Metallen gold (gelb) und silber (weiß). Nach den Regeln der Heraldik darf nur Farbe an Metall grenzen, aber nicht Metall an Metall oder Farbe an Farbe.

Hiermit ergeben sich die guten Farbkombinationen rot mit weiß, rot mit gelb, grün mit weiß, grün mit gelb, blau mit weiß, blau mit gelb, schwarz mit weiß und schwarz mit gelb.

5.4.5.2 Schlechte Farbkombinationen

Während die Kombination gelb mit weiß fast nie vorkommt, sind zwei schlechte Farbkombinationen leider häufig zu beobachten: rot mit blau und rot mit grün.

Rot mit blau ist besonders auf Folien, die aus weitem Abstand betrachtet werden, schwer zu lesen.

Dies hat zwei Gründe. Rot und blau liegen am entgegengesetzten Ende des Farbspektrums. Daher werden rote und blaue Lichtstrahlen im Auge unterschiedlich stark abgelenkt, um ein Bild zu erzeugen. Stellt das Auge nun die rote Schrift scharf, so ist der blaue Hintergrund, in dem die Buchstaben ja auch als Lücken erscheinen, irritierend unscharf. Stellt das Auge andererseits den blauen Hintergrund scharf, verschwimmen die roten Buchstaben.

Erschwerend kommt hinzu, dass rot und blau oft einen sehr ähnlichen Grauwert haben. Dies führt zu einer Irritation, weil die Stäbchen, die nur helligkeitsempfindlich sind, kein Bild sehen; nur die viel selteneren Zapfen sehen ein Bild.

Für rot mit grün gilt bezüglich der Grauwerte das oben Gesagte.

Hinzu kommt, dass etwa 8% der Männer an Rot-Grün-Blindheit leiden und die Farben rot und grün nicht oder nur mit Schwierigkeiten unterscheiden können.

5.4.6 Zyan und magenta

Zyan und magenta sind zwei neue und ungewohnte Metalle (im Sinne der Heraldik), die erst durch die moderne Drucktechnik weitere Verbreitung erlangt haben. Sie lassen sich mit den klassischen Farben kombinieren, so ist etwa blau mit magenta eine gute Kombination.

5.4.7 Andere Farben

Für die Verwendung anderer Farben – etwa orange oder purpur – lassen sich keine allgemeinen Regeln aufstellen. Es hilft, sich gute Farbkombinationen von professionell gemachten Dokumenten abzuschauen oder sich von der Kunst anregen zu lassen. Beispiel 9 auf Farbtafel III zeigt einige Kombinationen mit orange und purpur.

Beispiel 1 Farbiger Text

Dies ist schwarzer Text. Dies ist rot.
Und das wieder schwarz.

```
Dies ist schwarzer Text.
\textcolor{red}{Dies ist rot.}
Und das wieder schwarz.
```

Beispiel 2 Farbe in einer Formel (1)

$$x := x\cos\theta + y\sin\theta$$

```
\begin{displaymath}
x := x\color{red}\cos\theta
     \color{black} +
     y\color{red}\sin\theta
     \color{black}
\end{displaymath}
```

Beispiel 3 Farbe in einer Formel (2)

$$z := \frac{az+b}{c+dz}$$

```
\begin{displaymath}
z:=\color{red}
   \frac{a\color{black}z\color{red}+b}
   {c+d\color{black}z\color{red}}
   \color{black}
\end{displaymath}
```

Beispiel 4 Farbige Kästen

Schwarz auf rosa

Weiß auf rot

Weiß auf rot mit schwarzem Rand

Schwarz auf rot

```
\colorbox{rosa}{Schwarz auf rosa}
\color{white}
\colorbox{red}{Wei"s auf rot}
\fcolorbox{black}{red}{Wei"s auf
rot mit schwarzem Rand}
\color{black}
\colorbox{red}{Schwarz auf rot}
```

Beispiel 5 Farbüberdeckungen

```
\unitlength=1mm
\linethickness{6mm}
\begin{picture}(40,40)
\color{red}
\put(0,13.3){\line(1,0){40}}
\color{black}
\put(20,0){\line(0,1){40}}
\color{red}
\put(0,26.7){\line(1,0){40}}
\color{black}
\end{picture}
```

Beispiel 6 Österreich

```
\unitlength=1mm
\begin{picture}(36,18)
\linethickness{6mm}
\color{red}
\put(0,3){\line(1,0){36}}
\put(0,15){\line(1,0){36}}
\color{black}\thinlines
\put(0,0){\line(1,0){36}}
\put(0,0){\line(0,1){18}}
\put(0,18){\line(1,0){36}}
\put(36,0){\line(0,1){18}}
\end{picture}
```

Beispiel 7 Schweiz

```
\unitlength=1mm
\begin{picture}(36,18)
\linethickness{18mm}
\color{red}
\put(0,9){\line(1,0){36}}
\color{white}
\linethickness{4mm}
\put(12,9){\line(1,0){12}}
\put(18,3){\line(0,1){12}}
\color{black}\thinlines
\put(0,0){\line(1,0){36}}
\put(0,0){\line(0,1){18}}
\put(0,18){\line(1,0){36}}
\put(36,0){\line(0,1){18}}
\end{picture}
```

Beispiel 8 Einbindung einer farbigen Abbildung

```
\includegraphics[scale=.3]{figur2.eps}
```

Beispiel 9 Farbkombinationen

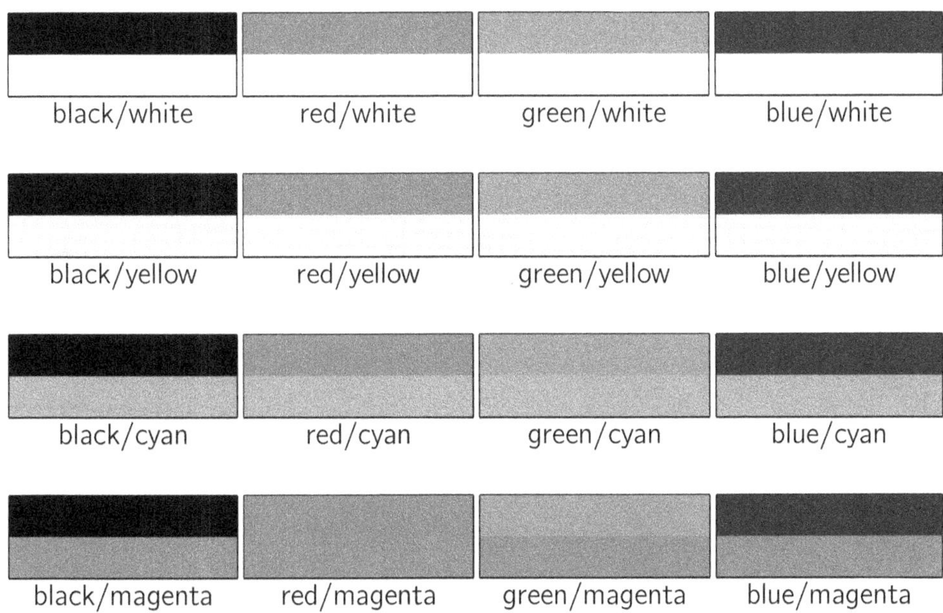

Beispiel 10 Experimentelle Farbkombinationen

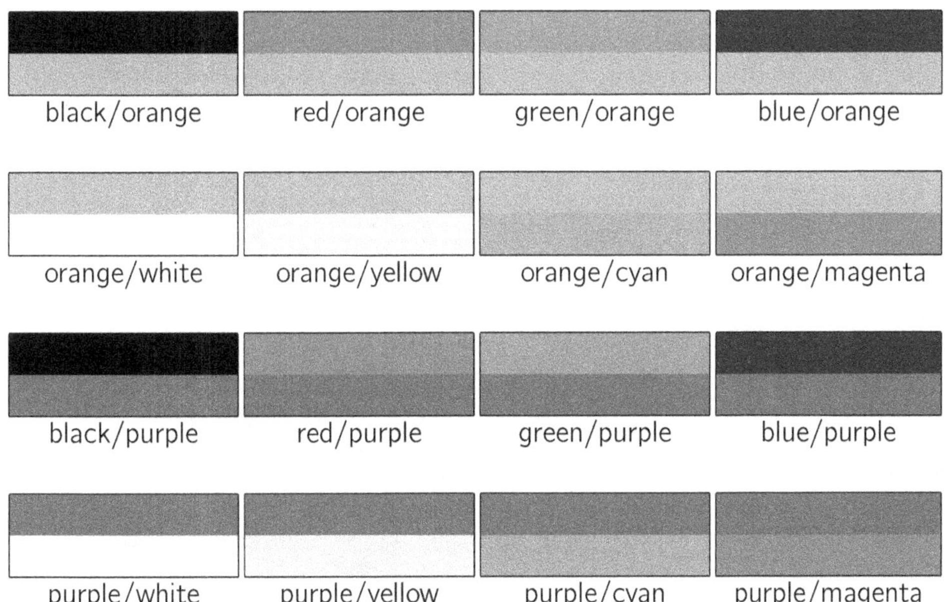

Beispiel 11 Farbnamen mit der Option `dvipsnames`

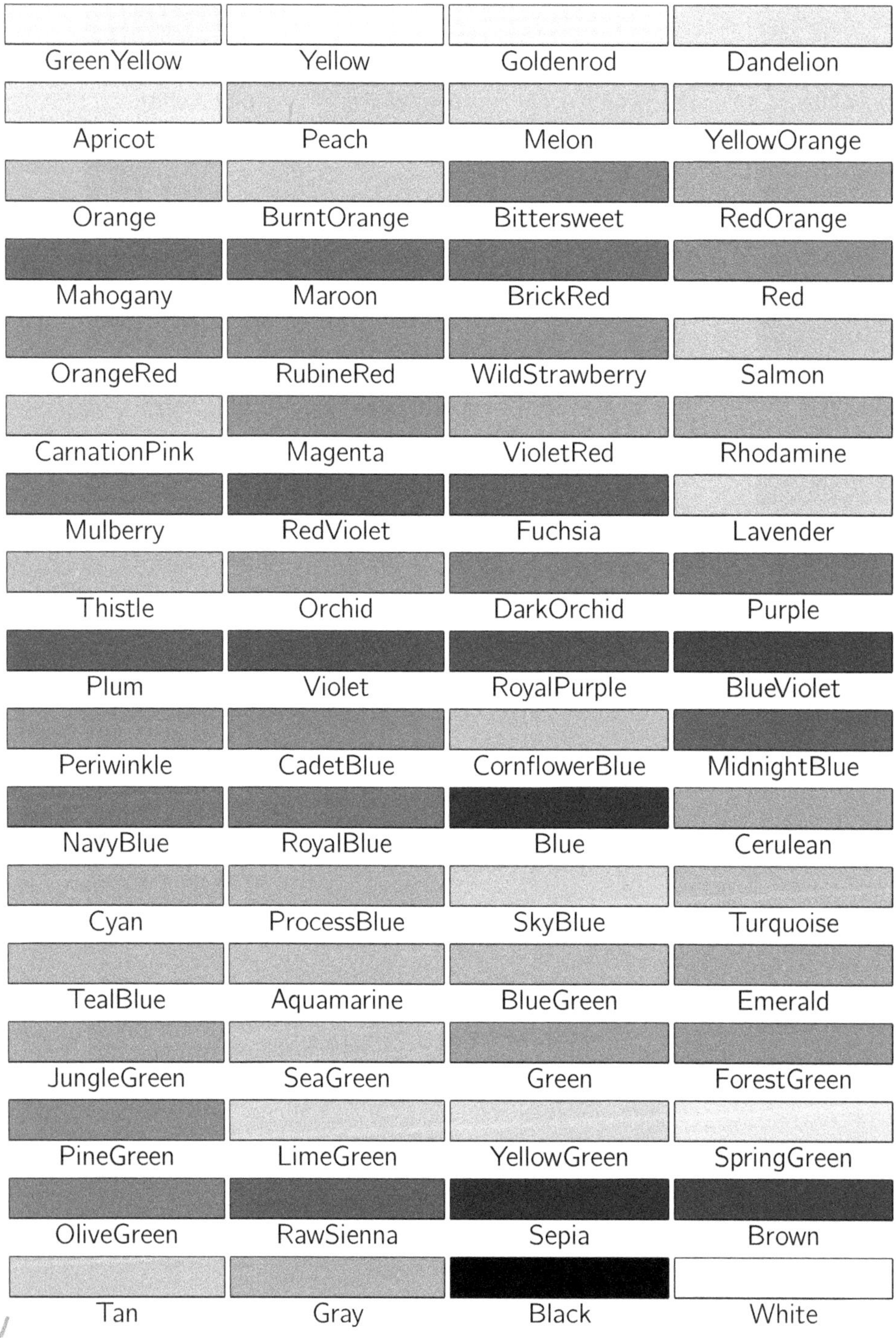

GreenYellow	Yellow	Goldenrod	Dandelion
Apricot	Peach	Melon	YellowOrange
Orange	BurntOrange	Bittersweet	RedOrange
Mahogany	Maroon	BrickRed	Red
OrangeRed	RubineRed	WildStrawberry	Salmon
CarnationPink	Magenta	VioletRed	Rhodamine
Mulberry	RedViolet	Fuchsia	Lavender
Thistle	Orchid	DarkOrchid	Purple
Plum	Violet	RoyalPurple	BlueViolet
Periwinkle	CadetBlue	CornflowerBlue	MidnightBlue
NavyBlue	RoyalBlue	Blue	Cerulean
Cyan	ProcessBlue	SkyBlue	Turquoise
TealBlue	Aquamarine	BlueGreen	Emerald
JungleGreen	SeaGreen	Green	ForestGreen
PineGreen	LimeGreen	YellowGreen	SpringGreen
OliveGreen	RawSienna	Sepia	Brown
Tan	Gray	Black	White

Kapitel 6

Bilder

6.1 Bilder platzieren

Abbildungen sind – genau wie Tabellen – sperrige Objekte, die besonders platziert werden müssen. Hierbei geht LaTeX mit Bildern genauso wie mit Tabellen um. Die Beschreibung aus Abschnitt 4.1 auf Seite 42 gilt auch für Bilder.

Die Umgebung `figure` sorgt für den »Rahmen« eines Bildes: Sie platziert das Bild und stellt den Befehl `\caption` für die Bildunterschrift zur Verfügung. Das Abbildungsverzeichnis wird mit dem Befehl `\listoffigures` angelegt. Die Abbildung kann durch den Befehl `\label` mit einer Marke versehen werden, auf die im Text mit den Befehlen `\ref` (gibt die Abbildungsnummer zurück) und `\pageref` (gibt die Seite, auf der die Abbildung zu finden ist) Bezug genommen werden kann.

Der Befehl `\caption` hat ein optionales Argument. Das optionale Argument enthält eine Kurzfassung der Bildunterschrift, die im Abbildungsverzeichnis erscheint, während die Langfassung der Legende unter dem Bild erscheint. Ohne das optionale Argument sind Kurz- und Langfassung identisch.

Abb. 6.1: Ganz in Weiß

```
\begin{figure}[!h]
\vspace{2cm}
\caption{Ganz in Wei"s}\label{bild:weiss}
\end{figure}
```

Bsp. 6.1: Eine Abbildung

6.2 Bilder einbinden

Die einfachste Art, ein Bild einzubinden, ist die direkte Einbindung eines fertigen Bildes. Leider gibt es hierbei keine Standardformat, das für alle Treiber und Motoren gleichermaßen gut geeignet ist.

Mit klassischem LaTeX und dem Druckertreiber dvips ist *Encapsulated PostScript* (eps) das Bildformat der Wahl. Mit Hilfe der freien Programme ghostscript (gs) und ghostview (gv)i kann PostScript auch auf nicht-PostScript-fähigen Druckern und auf dem Bildschirm ausgegeben werden.

ghostscript
ghostview

Bei der Arbeit mit pdfLaTeX können Bilder in den Formaten tif (TIFF), jpg (JPEG), mps (METAPOST), png (*Portable Network Graphics*) und pdf eingebunden werden.

Die Einschränkung auf bestimmte Bildformate ist im Allgemeinen keine Einschränkung, da es viele (freie und kommerzielle) Konverter für die verschiedenen Bildformate gibt.

Zur Erstellung von Grafiken gibt es ebenfalls eine große Auswahl an Programmen. Einige davon sind besonders gut auf die Zusammenarbeit mit LaTeX abgestimmt. Das freie Programm gnuplot eignet sich für die exakte Darstellung mathematischer Funktionen oder experimenteller Daten. Zum Skizzieren mit Hilfe der Maus ist das freie Programm xfig besonders gut geeignet, es läuft unter Linux, UNIX und OpenVMS.

gnuplot

xfig

Eine andere Möglichkeit ist das Erstellen eines Bildes mit LaTeX selbst. Die Umgebung `picture` stellt eine Reihe von Zeichenbefehlen zur Verfügung, mit deren Hilfe einfache Abbildungen gestaltet werden können. Erweiterungen davon sind die Pakete `epic` und `eepic`, wobei `eepic` nur mit klassischem LaTeX benutzt werden kann.

`epic`
`eepic`

Wesentlich mehr grafische Elemente stehen in den Paketen `xypic` von Kristoffer Rose und `pstricks` von Timothy van Zandt zur Verfügung, wobei letzteres intensiven Gebrauch von PostScript macht. Beide Pakete sind sehr umfangreich und mächtig; dem Paket `xypic` liegt eine ausführliche Anleitung bei [Rose 1999], für das Paket `pstricks` gibt es eigene Literatur, z. B. [Girou 1994] oder [Voß 2008].

`xypic`
`pstricks`

6.3 Direkte Bildeinbindung

Die Einbindung einer PostScript- oder pdf-Abbildung erfolgt mit einem der beiden Pakete `graphics` oder `graphicx`. Der Umfang der beiden Pakete ist gleich, sie unterscheiden sich aber in der Syntax der Befehle. Im Folgenden wird die Syntax des Paketes `graphicx` beschrieben.

`graphics` `graphicx`

Der grundlegende Einbindebefehl ist `\includegraphics`, der den Dateinamen als Argument hat. Er hat eine Vielzahl von optionalen Argumenten, mit denen sich spezielle Effekte erzielen lassen.

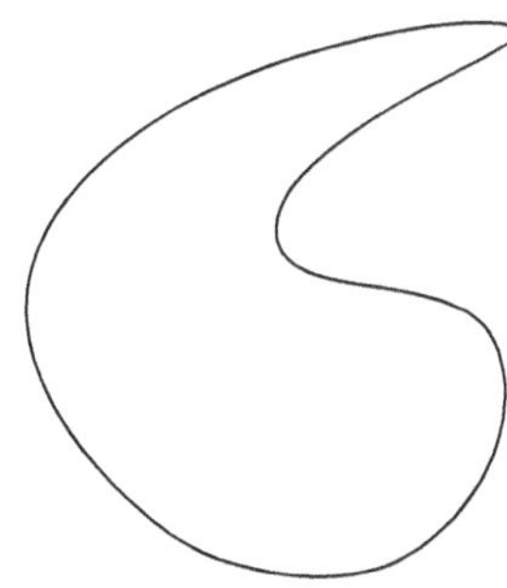

```
\includegraphics{figur1.eps}
```

Bsp. 6.2: Einbindung einer PostScript-Abbildung

Das optionale Argument von `\includegraphics` hat bei der Benutzung des Paketes `graphicx` die Struktur

`graphicx`

Schlüsselwort = *Wert*

Nützliche Schlüsselwörter sind

`scale` Die Abbildung wird um den angegebenen Faktor skaliert. Ein Faktor größer als 1 bewirkt eine Vergrößerung, ein Faktor zwischen 0 und 1 eine Verkleinerung. Negative Werte führen zu einer Punktspiegelung der Abbildung.

`height` Die Abbildung erhält die angegebene Höhe.

`width` Die Abbildung erhält die angegebene Breite. Werden sowohl Höhe als auch Breite explizit angegeben, ist eine Verzerrung möglich. Negative Werte führen zu einer Spiegelung.

`angle` Die Abbildung wird um den angegebenen Winkel gegen den Uhrzeigersinn (↺) gedreht.

`keepaspectratio` Wird dieser Schalter auf `true` gesetzt, findet keine Verzerrung statt, auch wenn sowohl Höhe als auch Breite angegeben sind. Die Abbildung wird dann so groß wie möglich gemacht, ohne dass die angegebenen Grenzen überschritten werden.

`clip` Die Abbildung wird an ihren Kanten abgeschnitten, Teile, die über diese Kanten hinausragen, werden nicht dargestellt.

`draft` Die Abbildung wird nicht eingebunden, stattdessen wird ein Kasten in der Größe der Abbildung gedruckt, der den Dateinamen enthält. Diese Option ist nützlich, wenn das Dokument noch »in Arbeit« ist und die Darstellung der Abbildungen am Bildschirm zeitraubend ist.

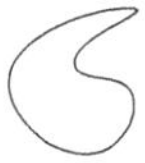

```
\includegraphics[scale=0.25]{figur1.eps}
```

```
\includegraphics[scale=-0.25]{figur1.eps}
```

```
\includegraphics[height=1cm]{figur1.eps}
```

```
\includegraphics[width=1cm]{figur1.eps}
```

```
\includegraphics[height=1cm,width=-1cm]%
  {figur1.eps}
```

```
\includegraphics[height=1cm,width=2cm]%
   {figur1.eps}
```

```
\includegraphics[scale=0.25,angle=90]%
   {figur1.eps}
```

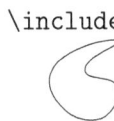

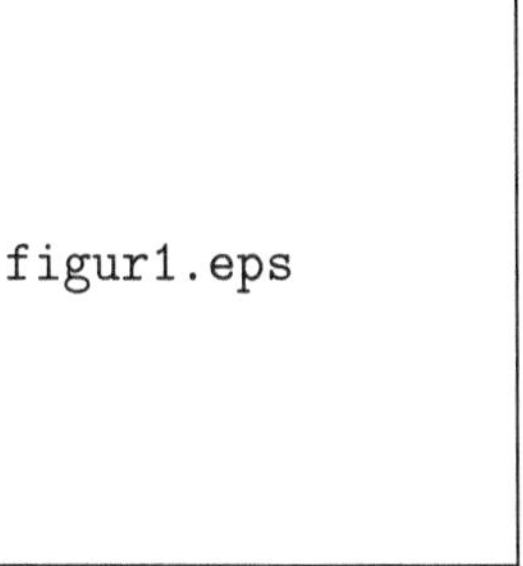

\includegraphics[draft=true]{figur1.eps}

Bsp. 6.3: Effekte der Schlüsselwörter

6.4 Einfache Bilder mit LaTeX 2ε

6.4.1 Die Umgebung picture

Die Umgebung `picture` dient der Erstellung von Bildern mit LaTeX. Zunächst wird mit dem Befehl `\unitlength` eine Längeneinheit vereinbart, in der alle Bildmaße zu messen sind. Durch Ändern dieses Maßes kann das Bild auf eine andere Größe skaliert werden.

Die Umgebung `picture` selbst hat die folgende Syntax:

`\begin{picture}`(*Breite,Höhe*)(*hor. Verschiebung, vert. Verschiebung*)
Bildbefehle
`\end{picture}`

Hierbei ist (*Breite,Höhe*) ein Zahlenpaar (ohne Dimensionsangabe), welches die Bildabmessungen in Einheitslängen angibt. Das zweite Zahlenpaar, welches die Verschiebung des Bildes angibt, ist optional und kann weggelassen werden.

Alle Bildelemente werden mit den Befehlen `\put` bzw. `\multiput` platziert. Die Syntax dieser Befehle ist

`\put`(*Koordinaten*){*Objekt*}
`\multiput`(*Koordinaten*)(*Verschiebung*){*Anzahl*}{*Objekt*}

.(0, 20)

.(10, 10)

.(0, 0) .(20, 0)

.(−10, −10)

```
\unitlength=1mm
\begin{picture}(40,40)(-10,-10)
\put(0,0){.(0,\,0)}
\put(0,20){.(0,\,20)}
\put(20,0){.(20,\,0)}
\put(10,10){.(10,\,10)}
\put(-10,-10){.\((-10,-10)\)}
\end{picture}
```

Bsp. 6.4: Koordinaten in der Umgebung `picture`

⋆ ⋆ ⋆ ⋆ ⋆ ⋆

```
\begin{picture}(40,20)
\multiput(0,0)(10,5){6}{$\star$}
\end{picture}
```

Bsp. 6.5: Der Befehl `\multiput`

6.4.2 Linien und Pfeile

Eine Linie wird mit dem Befehl `\line` gesetzt. Dieser hat die Syntax

`\line(`*Steigung*`){`*Länge*`}`

wobei die Steigung durch ein nicht kürzbares Paar ganzer Zahlen aus dem Bereich von −6 bis 6 gegeben ist. Die Länge ist durch den Abschnitt auf der waagrechten Achse gegeben, außer bei senkrechten Linien.

Die Stärke der Linien kann mit den Befehlen `\thinlines` und `\thicklines` variiert werden, dünne Linien sind die Voreinstellung. Senkrechte und waagrechte Linien können in beliebiger Stärke gezeichnet werden, diese kann durch den Befehl `\linethickness` eingestellt werden.

```
\unitlength=1mm
\begin{picture}(40,40)
\put(0,0){\line(0,1){40}}
\put(0,0){\line(1,0){40}}
\put(0,0){\line(1,1){40}}
\put(0,0){\line(2,1){40}}
\put(0,0){\line(3,1){40}}
\put(0,0){\line(4,1){40}}
\put(0,0){\line(3,2){40}}
\put(0,0){\line(4,3){40}}
\put(0,0){\line(1,2){20}}
\put(0,0){\line(1,3){13.33}}
\put(0,0){\line(1,4){10}}
\put(0,0){\line(2,3){26.67}}
\put(0,0){\line(3,4){30}}
\end{picture}
```

Bsp. 6.6: Linien

Pfeile werden durch den Befehl `\vector` gesetzt, der die gleiche Syntax wie der Befehl `\line` hat.

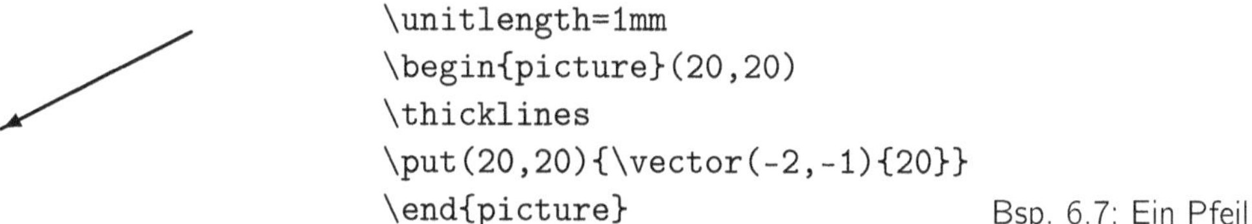

```
\unitlength=1mm
\begin{picture}(20,20)
\thicklines
\put(20,20){\vector(-2,-1){20}}
\end{picture}
```

Bsp. 6.7: Ein Pfeil

6.4.3 Beschriftungen

Beschriftungen aller Art können mit dem Befehl `\put` platziert werden. Auch mathematische Formeln können hierzu verwendet werden.

Die Befehle zur Erzeugung von Kästen haben in der Umgebung `picture` eine erweiterte Syntax. In runden Klammern können Breite und Höhe des Kastens festgelegt werden.

Bsp. 6.8: Kästen

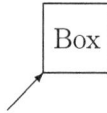

```
\unitlength=1mm
\begin{picture}(15,15)
\put(0,0){\vector(1,1){5}}
\put(5,5){\framebox(9,9){Box}}
\end{picture}
```

6.4.4 Teilbilder

Eine nützliche Technik ist das Verschachteln der Umgebung picture. Im folgenden Beispiel werden die vier kleinen Striche als ein Bild zwanzigmal wiederholt.

Bsp. 6.9: Zentimetermaß

```
\unitlength=1mm
\begin{picture}(100,15)
\thicklines
\put(0,0){\line(1,0){100}} % Grundlinie
\multiput(0,0)(10,0){11}{\line(0,1){6}} % cm
\thinlines
\multiput(5,0)(10,0){10}{\line(0,1){4}} % 0.5cm
\multiput(1,0)(5,0){20}{%
  \begin{picture}(0,0)
  \multiput(0,0)(1,0){4}{\line(0,1){2}} % mm
  \end{picture}}
\put(0,8){cm} \put(10,8){1} \put(20,8){2}
\put(30,8){3} \put(40,8){4} \put(50,8){5}
\put(60,8){6} \put(70,8){7} \put(80,8){8}
\put(90,8){9} \put(100,8){10}
\end{picture}
```

6.4.5 Kreise und Ovale

Der Befehl `\circle` zeichnet eine Kreislinie, `\circle*` einen ausgefüllten Kreis. Der Bezugspunkt ist der Mittelpunkt des

Kreises, dazu wird der *Durchmesser* des Kreises angegeben. LaTeX wählt unter den zur Verfügung stehenden Kreisen denjenigen aus, der diesem Durchmesser am nächsten kommt. Der maximale Durchmesser der Kreise ist beschränkt, er beträgt 5,3 mm für Vollkreise und 28,1 mm für Kreislinien.

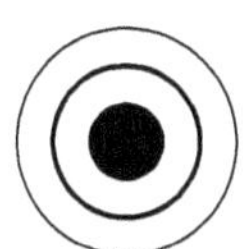

```
\unitlength=1mm
\begin{picture}(15,15)(-15,-15)
\put(0,0){\circle*{5}}
\thicklines
\put(0,0){\circle{10}}
\thinlines
\put(0,0){\circle{15}}
\end{picture}
```

Bsp. 6.10: Kreise

Ein Oval ist ein Rechteck mit wie bei einer Spielkarte abgerundeten Ecken. Es wird durch Länge und Breite beschrieben, die Ecken werden durch Kreisbögen mit dem größtmöglichen Radius gebildet. Der Bezugspunkt liegt in der Mitte des Ovals. Optional kann ein Teil des Ovals angegeben werden. Hierbei sind `t` (*top*) der obere, `b` (*bottom*) der untere, `l` der linke und `r` der rechte Teil des Ovals. Durch Kombination von zwei Teilen kann ein Vierteloval angewählt werden, etwa durch `tl` das obere linke Viertel.

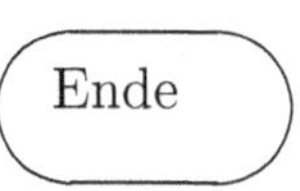


```
\begin{picture}(20,10)(-10,-5)
\put(10,5){\oval(20,10)}
\put(5,5){Ende}
\end{picture}
```

Bsp. 6.11: Ein Oval

6.5 Erweiterungen

Die beiden Pakete `epic` und `eepic` erweitern den Vorrat der grafischen Elemente, die LaTeX verwenden kann, stark. Das Paket `eepic` benutzt dabei tpic-Spezialbefehle, die direkt an den Drucker- oder Bildschirmtreiber weitergereicht werden.

`epic`

`eepic`

Die tpic-Spezialbefehle können von fast allen gängigen Treibern interpretiert werden (xdvi, emTEX-Treiber, dvips und viele andere); pdfLATEX versteht diese Spezialbefehle allerdings nicht und kann deshalb nicht zusammen mit dem Paket `eepic` benutzt werden.

Bei Benutzung dieser beiden Pakete ist es möglich, Linien mit beliebiger Steigung zu zeichnen, Kreise beliebiger Größe darzustellen sowie krummlinige Objekte, die durch sog. Bézier-Kurven begrenzt werden. Zum Zeichnen derartiger Objekte bietet sich ein Zeichenprogramm wie xfig an. Das Zeichenprogramm xfig ist besonders LATEX-freundlich, da es einen Export der gezeichneten Figur als LATEX-Eingabedatei unter Verwendung der beiden Pakete `epic` und `eepic` erlaubt.

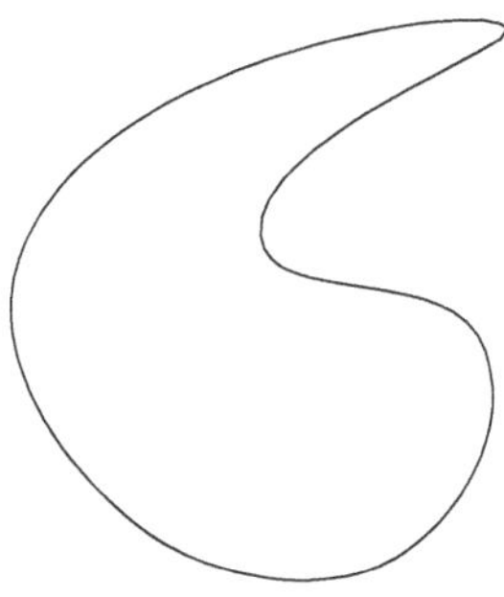

Bsp. 6.12: Krummlinige Figur, die mit xfig erstellt wurde

```
\input figur1.tex
```

Der Vorteil des eepic-Exportformates liegt darin, dass es einfach nachbearbeitet werden kann. So ist es ohne weiteres möglich, mit dem Befehl `\put` nachträglich Beschriftungen einzufügen.

Kapitel 7

Schriften

7.1 Auswahl von Schriften in LaTeX 2ε

LaTeX 2ε wählt eine Schrift anhand von fünf Merkmalen aus. Diese Merkmale sind die Kodierung, die Schriftfamilie, die Reihe, die Form und die Größe. All diese Merkmale können unabhängig voneinander gewählt werden, LaTeX 2ε benutzt dann eine der vorhandenen Schriften, die diese Beschreibung möglichst genau erfüllt.

7.1.1 Schriftgröße

Die Größe der Schrift wird in LaTeX normalerweise relativ zur Grundschrift gewählt. Die Größe der Grundschrift ist bei den Standardklassen `article`, `report` und `book` 10 typografische Punkt, durch die Optionen `11pt` bzw. `12pt` werden die nächstgrößeren Schriftgrade gewählt. Dieses Buch hat 11pt als Grundschrift. Größere Schriften werden mit den Befehlen `\large`, `\Large`, `\LARGE`, `\huge` und `\Huge` gewählt, kleinere Schriften erhält man durch `\small`, `\footnotesize`, `\scriptsize` und `\tiny`. Die Größenbefehle wirken als Schalter, ihre Wirkung wird entweder durch einen anderen Größenbefehl beendet oder durch Einschließen des Befehls in eine Gruppe mit Hilfe von Schweifklammern.

article
report
book

Dies ist groß,
dies ist klein.

```
Dies ist {\Large gro"s},
dies ist {\small klein}.
```

Bsp. 7.1: Anwendung der Größenbefehle

Das Paket `relsize` von Donald Arseneau erlaubt es, die Schriftgröße stufenweise zu verstellen, ausgehend von der aktuellen Größe. Damit funktioniert eine Größenänderung in gleicher Weise in einer Überschrift oder in einer Fußnote. Mit dem Befehl `\smaller` wird eine um eine Stufe kleinere

relsize

\normalsize	normal	\large	groß
\small	klein	\Large	größer
\footnotesize	kleiner	\LARGE	sehr groß
\scriptsize	sehr klein	\huge	riesig
\tiny	winzig	\Huge	am größten

Tab. 7.1: Schriftgrößen

Schrift gewählt, mit dem Befehl `\larger` eine um eine Stufe größere Schrift. Mehrere Stufen lassen sich durch die Angabe eines optionalen Argumentes zu den Befehlen `\smaller` und `\larger` angeben. Die Befehle `\smaller` und `\larger` wirken wie die LaTeX-Größenbefehle als Schalter. Die Befehle `\textsmaller` und `\textlarger` haben stattdessen ein Argument, welches in der Größe verändert wird.

Ausgabe	Eingabe
groß und größer und größer	`{\large gro"s und \larger gr"o"ser und \larger gr"o"ser}`
klein und kleiner und kleiner	`{\small klein und \smaller kleiner und \smaller kleiner}`
normal drei Stufen kleiner und wieder normal	`normal {\smaller[3] drei Stufen kleiner} und wieder normal`
normal, kleiner und wieder normal	`normal, \textsmaller{kleiner} und wieder normal`

Bsp. 7.2: Die Befehle aus dem Paket **relsize**

Die Standardschriften von LaTeX werden für jede Größe gesondert berechnet. Dies unterscheidet sie von herkömmlichen Schriften, die nur in einer einzigen Größe erhältlich sind und dann auf andere Größen skaliert werden. Die Benennung der ec-Schriften folgt dabei folgendem Schema: Am Anfang stehen vier Buchstaben, die die Schriftart bestimmen, und dann folgen 4 Ziffern, die die Schriftgröße in Hundertstel Punkt angeben. Große Schriften haben dabei keine ganzzahlige Punktgröße, sondern die Größen entstehen durch Multiplikation von 10 mit dem Faktor 1,2. Eine Übersicht

ecrm0500	ecrm0600	ecrm0700	ecrm0800
ecrm0900	ecrm1000	ecrm1095	ecrm1200
ecrm1440	ecrm1728	ecrm2074	ecrm2488
ecrm2986	ecrm3583		

Tab. 7.2: Die vorhandenen Größenstufen der ec-Schriften

über normalerweise verfügbare Größen der ec-Schriften gibt die Tabelle 7.2.

Eine 11-Punkt-Schrift unterscheidet sich von **vergrößerter 5-Punkt-Schrift** oder von verkleinerter 20-Punkt-Schrift.

Bsp. 7.3: Skalierung von Schriften

Wenn dies gewünscht wird, kann eine bestimmte Schriftgröße auch explizit angewählt werden. Hierzu dient der Befehl `\fontsize`, der zwei Argumente hat: das erste ist die gewählte Schriftgröße, das zweite ist der gewünschte Zeilenabstand. Hierbei ist zu beachten, dass TEX innerhalb eines Absatzes nur einen Zeilenabstand verwendet, nämlich den, der am Ende das Absatzes aktiv ist. Die gewählte Schrift wird durch den Befehl `\selectfont` eingeschaltet.

Dies ist 12-Punkt-Schrift mit 14 Punkt Zeilenabstand. Die Leerzeile ist *innerhalb* der umschließenden Gruppe, da sie das Absatzende kennzeichnet.

```
{\fontsize{12}{14pt}
\selectfont
Dies ist 12-Punkt-Schrift
mit 14 Punkt Zeilenabstand.
Die Leerzeile ist
\emph{innerhalb} der
umschlie"senden Gruppe, da
sie das Absatzende
kennzeichnet.

}
```

Bsp. 7.4: Explizite Auswahl einer Schriftgröße

7.1.2 Schriftform

Eine Schrift kann in unterschiedlichen Formen vorkommen. Zur Grundform gesellt sich die *kursive* Form, die gerne für

Hervorhebungen verwendet wird. Als weitere Auszeichnungsform gibt es KAPITÄLCHEN, die gerne zur Kennzeichnung von Eigennamen verwendet werden. Durch die Computerisierung sind weitere Formen hinzugekommen: *verschiefte* Schrift (diese Bezeichnung wird in [Sauthoff et al. 1996] vorgeschlagen) und *aufrechte Kursive*. Diese Schriften werden durch eine automatische Transformation der Ausgangsschriften hergestellt.

Zur Auswahl der Schriftform gibt es in LaTeX 2_ε die Befehle `\textit` und `\itshape` (von engl. *italic*) für Kursive, `\textsc` und `\scshape` (von *caps and small caps*) für Kapitälchen sowie `\textsl` und `\slshape` (von engl. *slanted*) für die verschiefte Schrift. Die aufrechten Kursive werden sehr selten verwendet, sie können nur durch den allgemeinen Befehl `\fontshape` erreicht werden. Die Syntax der Befehle unterscheidet sich, die mit `\text...` beginnenden Befehle haben ein Argument, welches in der gewählten Form gesetzt wird, die mit `...shape` endenden Befehle wirken als Schalter, deren Wirkung durch Gruppen kontrolliert wird. Auf den allgemeinen Befehl `\fontshape` muß stets der Befehl `\selectfont` folgen.

Ausgabe	Eingabe
Kursive Schrift	`\textit{Kursive Schrift}`
KAPITÄLCHEN	`\textsc{Kapit"alchen}`
Verschiefte Schrift	`\textsl{Verschiefte Schrift}`
italic	`{\itshape italic}`
CAPS AND SMALL CAPS	`{\scshape Caps and Small Caps}`
slanted	`{\slshape slanted}`
Aufrechte kursive Schrift	`{\fontshape{ui}\selectfont Aufrechte kursive Schrift}`

Bsp. 7.5: Schriftformen

7.1.3 Schriftreihe

Die Schriftreihe beschreibt den Unterschied zwischen fetter und normaler Schrift. Die Standardschriften von LaTeX sind im wesentlichen nur in den zwei Serien normal und **fett** erhältlich, wobei die fette Schrift gleichzeitig breiter läuft. Von der aufrechten Schrift gibt es ferner eine **schmallaufende fette** Version, die sich insbesondere zum Setzen fetter Zahlen in Tabellen eignet, denn sie stimmt in ihrer Laufweite genau mit der normalen Version überein. Die schmallaufende Fettschrift kann nur mit dem Befehl `\fontseries{b}` gewählt werden.

Hamburgefons –,50
Hamburgefons –,50

```
{\fontseries{b}\selectfont
Hamburgefons --,50}\\
Hamburgefons --,50
```

Bsp. 7.6: Normale und schmallaufende fette Schrift

Ähnlich wie für die Formen gibt es auch für die Reihen verschiedene Befehle, je nachdem, ob sie als Schalter fungieren sollen oder ein Argument haben. Die Befehle `\textbf` und `\bfseries` wählen die fette Schrift an, die selten notwendigen Befehle `\textmd` und `\mdseries` wählen ausdrücklich die normale Schrift. Schließlich kann die Reihe noch durch den Befehl `\fontseries` festgelegt werden.

Normalschrift
Fette Schrift
medium
bold face
bold

```
\textmd{Normalschrift}
\textbf{Fette Schrift}
{\mdseries medium}
{\bfseries bold face}
{\fontseries{b}%
\selectfont bold}
```

Bsp. 7.7: Schriftreihen

7.1.4 Schriftfamilien

LaTeX 2_ε kennt drei Schriftfamilien, die normale Antiqua, die serifenlose Schrift und die `Schreibmaschinenschrift`. Bei der serifenlosen Schrift fehlen die Aufstriche und die »Füße« der Buchstaben, die in der Fachsprache *Serifen* genannt werden. Von den Familien ist die Antiqua am besten mit Reihen und Formen ausgebaut, während von der Schreibmaschinenschrift nur wenige Variationen existieren – insbesondere gibt es keine fette Schreibmaschinenschrift.

Die Befehle zur Auswahl der Schriftfamilie gleichen denen zur Wahl der Form und Reihe. Durch `\textrm` und

	0	1	2	3	4	5	6	7	8	9	A	B	C	D	E	F
"0x	Γ	Δ	Θ	Λ	Ξ	Π	Σ	Υ	Φ	Ψ	Ω	ﬀ	ﬁ	ﬂ	ﬃ	ﬄ
"1x	ı	ȷ	`	´	ˇ		¯	˚	¸	ß	æ	œ	ø	Æ	Œ	Ø
"2x	-	!	”	#	$	%	&	’	(	)	*	+	,	-	.	/
"3x	0	1	2	3	4	5	6	7	8	9	:	;	¡	=	¿	?
"4x	@	A	B	C	D	E	F	G	H	I	J	K	L	M	N	O
"5x	P	Q	R	S	T	U	V	W	X	Y	Z	[	“	]	ˆ	˙
"6x	‘	a	b	c	d	e	f	g	h	i	j	k	l	m	n	o
"7x	p	q	r	s	t	u	v	w	x	y	z	–	—	˝	˜	¨

Tab. 7.3: Die OT1-Kodierung, dargestellt an der Schrift cmr11

\rmfamily wird die Antiqua gewählt, durch \textsf und \sffamily die serifenlose Schrift sowie durch \texttt und \ttfamily die Schreibmaschinenschrift.

Antiqua	`\textrm{Antiqua}`
Serifenlose	`\textsf{Serifenlose}`
Schreibmaschinenschrift	`\texttt{Schreibmaschinenschrift}`
roman	`{\rmfamily roman}`
sans serif	`{\sffamily sans serif}`
typewriter	`{\ttfamily typewriter}`

Bsp. 7.8: Schriftfamilien

7.1.5 Kodierungen

LaTeX 2ε unterscheidet alte und neue Kodierungen. Die alten Kodierungen beziehen sich auf Schriften, die nur 128 oder weniger Zeichen enthalten, während sich die neuen Kodierungen auf Schriften mit 256 Zeichen beziehen.

Die wichtigsten Kodierungen sind OT1 (*Old Text 1*) und T1 (*Text 1*). Die traditionellen Computer Modern Schriften enthielten nur 128 Zeichen, bestehend aus ASCII und wenigen zusätzlichen Lettern. Umlaute oder Buchstaben mit Akzenten fehlen ganz, weshalb Wörter, die diese Zeichen enthalten, nicht oder nur unter erschwerten Bedingungen getrennt werden konnten.

Die Kodierung T1 der erweiterten LaTeX-Schriften ist in Tabelle E.1 auf der Seite 224 gezeigt. Da diese Schriften fer-

	0	1	2	3	4	5	6	7	8	9	A	B	C	D	E	F
"0x		´	ˆ	˜	¨	˝	˚	ˇ	˘	¯	˙	¸	˛	‚	‹	›
"1x	“	”	„	«	»	–	—		0	ı	ȷ	ff	fi	fl	ffi	ffl
"2x	␣	!	"	#	$	%	&	’	(	)	*	+	,	-	.	/
"3x	0	1	2	3	4	5	6	7	8	9	:	;	<	=	>	?
"4x	@	A	B	C	D	E	F	G	H	I	J	K	L	M	N	O
"5x	P	Q	R	S	T	U	V	W	X	Y	Z	[	\	]	^	_
"6x	‘	a	b	c	d	e	f	g	h	i	j	k	l	m	n	o
"7x	p	q	r	s	t	u	v	w	x	y	z	{	|	}	~	-
"8x	Ɓ	Ɗ	Ɛ	Ǝ	Ƒ	Ĕ	Ɣ	Ħ	Ƙ	Ɲ	Ɔ	Ń	Ʃ	Ŋ	Ʊ	Ƴ
"9x	Ƈ	Ƥ	Š	Ṅ	Ṉ	Ṣ	Ʒ	Ŧ	Ė	Ẹ	Ƭ	Ʈ	ʧ	ʄ	đ	‶
"Ax	ɓ	ɗ	ɛ	ə	ƒ	ĕ	ɣ	ħ	ƙ	ɲ	ɔ	ń	ʃ	ŋ	ʊ	ƴ
"Bx	ƈ	ƥ	š	ṅ	ṉ	ṣ	ʒ	ŧ	ė	ẹ	ƭ	ʈ	"	¡	¿	'
"Cx	Ɩ	Ị	Ɛ̃	Ã	Ḿ	Ɔ̃	Æ	Ç	È	É	Ê	Ë	E̱	Ē	Ẽ	Ĩ
"Dx	Đ	Ñ	Ò	Ȯ	Ô	Õ	Ö	Œ	Ø	Ọ	O̱	Ō	Ǒ	Ụ	Ũ	ˏ
"Ex	ɩ	ị	ɛ̃	ã	ḿ	ɔ̃	æ	ç	è	é	ê	ë	e̱	ē	ẽ	ĩ
"Fx	ɖ	ñ	ò	ȯ	ô	õ	ö	œ	ø	ọ	o̱	ō	ǒ	ụ	ũ	ß

Tab. 7.4: Die T4-Kodierung, dargestellt an der Schrift fcr11

tige Umlaute enthalten, können Wörter mit Umlauten problemlos getrennt werden.

Die Kodierung `TS1` ist die Kodierung der Textsymbole. Die Textsymbole sind im Anhang E.4 auf Seite 225 besprochen.

Die Kodierungen `T2A`, `T2B`, `T2C`, `T2D` und `X2` unterstützen das kyrillische Alphabet. Je nach Variante der Kodierung werden verschiedene andere Sprachen zusätzlich zur russischen unterstützt. In ihrer Gesamtheit umfassen die genannten Kodierungen *alle* Sprachen, die mit dem kyrillischen Alphabet geschrieben werden, darunter Bulgarisch, Serbisch, Makedonisch, Weißrussisch, Ukrainisch und die verschiedenen Sprachen der autonomen Gebiete Russlands und der unabhängigen Staaten des Kaukasus und Mittelasiens.

Die Kodierung `T3` umfasst das internationale phonetische Alphabet, die Kodierung `T4` die afrikanischen Sprachen mit lateinischer Schrift. Vietnamesisch wird durch die Kodierung `T5` unterstützt, Griechisch durch die Kodierung `LGR`. Weitere Kodierungen können in Zukunft festgelegt werden.

Die Auswahl der Schriftkodierung erfolgt üblicherweise am Anfang des Dokumentes. Hierzu wird das Paket `fontenc` `fontenc` mit den verwendeten Kodierungen als Optionen geladen, wobei die zuletzt angegebene Option die im laufenden Text verwendete Kodierung wiedergibt. Im Dokument selbst können nur die am Anfang erklärten Kodierungen verwendet werden. Wird das Paket `fontenc` nicht angegeben, so verwendet LaTeX 2ε die Kodierung `OT1`.

fontenc

Mit dem Befehl `\fontencoding` kann eine bestimmte Kodierung explizit angefordert werden. Damit die gewählte Kodierung wirksam wird, muss dem Befehl `\fontencoding` der Befehl `\selectfont` folgen.

```
\usepackage[T4,T1]{fontenc}
```

Diese Erklärung lädt die beiden Kodierungen `T4` (für afrikanische Sprachen mit lateinischem Alphabet) und `T1`. Die Kodierung `T1` wird im laufenden Text verwendet.

Bsp. 7.9: Kodierungen

7.2 Die LaTeX-Standardschriften

Die Computer-Modern-Schriften, die die Standardschriften von LaTeX darstellen, wurden in den Jahren 1978–82 von Donald E. Knuth entwickelt und in der Programmiersprache METAFONT programmiert. Sie stellen eine *Schriftsippe* mit aufeinander abgestimmter Antiqua, Serifenloser und Schreibmaschinenschrift dar, hinzu kommen eine spezielle Kursivschrift für den Formelsatz und viele mathematische Symbole. Diese Sippe wurde in den 90er Jahren um die Schriften in den Kodierungen `T1` (europäische erweiterte Schriften) und `T4` (afrikanische Sprachen) ergänzt.

Die Computer-Modern-Schriften gehören zu den klassizistischen Schriften. Mit ihnen verbinden sich daher Attribute wie Klarheit, Nüchternheit, Lesbarkeit und klassische Eleganz. Sie sind weitgehend neutral und für viele verschiedene Textsorten geeignet.

7.3 PostScript-Schriften

In einem PostScript-Drucker sind üblicherweise 35 Schriften fertig eingebaut. Bei diesen 35 Schriften handelt es sich um die Schriftfamilien Avantgarde, Bookman, Courier, Helvetica, Helvetica Narrow, New Century Schoolbook, Times und Palatino (mit je vier Schnitten, normal, fett, kursiv und fett-kursiv) sowie die Schriften Zapf Chancery, Symbol und Zapf Dingbats. Die Schriften sind mit den Paketen `avant`, `bookman`, `chancery`, `helvet`, `newcent`, `palatino` und `times` zugänglich. Hierbei ist zu beachten, dass die aufgezählten Pakete nur die Textschriften umstellen, die mathematischen Formeln werden weiterhin aus der Computer Modern gesetzt. Für die Schrift Times gibt es Mathematikunterstützung mit dem Paket `mathptmx`, für die Schrift Palatino mit dem Paket `mathpazo`. Die Zapf Dingbats werden durch das Paket `pifont` eingebunden.

avant
bookman
chancery
helvet
newcent
palatino
times
mathptmx
mathpazo
pifont

Die Zapf Dingbats enthalten viele interessante Symbole und werden deshalb hier näher vorgestellt.

Mit dem Befehl `\ding` wird ein Zeichen nach seiner Position in der Fonttabelle ausgewählt. Hierbei bedeutet ein `"0` am Anfang der Nummer, dass sie als Sedezimalzahl (zur Basis 16) gelesen wird. Natürlich können auch die normalen Dezimalzahlen verwendet werden. Die sedezimalen Werte lassen sich aus der Tabelle 7.5 ablesen.

Die Zapf Dingbats enthalten viele interessante Symbole, wie das Aldusblatt ❦, eine Schneeflocke ❄, ein Telefon ☎, ein Flugzeug ✈ oder einen Bleistift ✎.

```
Die Zapf Dingbats
enthalten viele
interessante Symbole,
wie das
Aldusblatt~\ding{"0A6},
eine Schneeflocke~\ding{"064},
ein Telefon~\ding{"025}, ein
Flugzeug~\ding{"028} oder
einen Bleistift~\ding{"02E}.
```

Bsp. 7.10: Zapf Dingbats

Der Befehl `\dingline` erzeugt eine Zeile, die vollständig mit einem Dingbat gefüllt ist. Der Befehl `\dingfill` wiederholt ein Dingbat, bis der Rest einer angefangenen Zeile gefüllt ist.

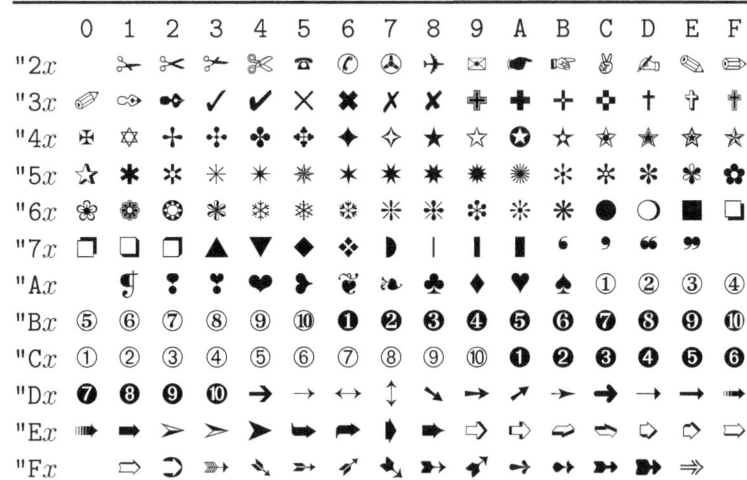

Tab. 7.5: Zapf Dingbats (Fonttabelle)

Bitte hier abtrennen ✂ ✂

✿ ✿ ✿ ✿

Alles Liebe ❤ ❤ ❤ ❤ ❤

```
Bitte hier abtrennen \dingfill{"022}
\dingline{"05F}
Alles Liebe \dingfill{"0A4}
```

Bsp. 7.11: Zeilenfüllungen mit Dingbats

`pifont` Das Paket `pifont` enthält ferner zwei Umgebungen. Die Umgebung `dinglist` ist hierbei der Umgebung `itemize` nachgebildet, wobei ein beliebiges Dingbat den Blickfangpunkt ersetzt.

➣ Erster Punkt

➣ Zweiter Punkt

```
\begin{dinglist}{"0E3}
\item Erster Punkt
\item Zweiter Punkt
\end{dinglist}
```

Bsp. 7.12: Die Umgebung `dinglist`

Die Umgebung `dingautolist` entspricht der Umgebung `enumerate`, wobei ein Dingbat als Startwert festgesetzt wird. Hiermit ist es möglich, Aufzählungen mit den eingekreisten Zahlen aus den Zapf Dingbats zu gestalten.

① Erster Punkt
② Zweiter Punkt
③ Dritter Punkt
	`\begin{dingautolist}{"0AC}`
	`\item Erster Punkt`
	`\item Zweiter Punkt`
	`\item Dritter Punkt`
	`\end{dingautolist}`

Bsp. 7.13: Die Umgebung dingautolist

7.4 Fraktur, Schwabacher und Gotisch

Auch Frakturschriften in den drei Stilen Fraktur, Gotisch und Schwabacher können mit LaTeX 2_ε verwendet werden. Die drei gezeigten Schriften und die schönen Zierinitialen wurden von Yannis Haralambous nach alten Originalen in METAFONT programmiert und frei zur Verfügung gestellt.

Die Schriften werden mit dem Paket yfonts von Walter Schmidt als weitere Schriftfamilien geladen. Die Befehle zu ihrem Aufruf lauten dementsprechend \textfrak und \frakfamily, \textgoth und \gothfamily sowie \textswab und \swabfamily.

yfonts

Fraktur	`\textfrak{Fraktur}`
Gotisch	`\textgoth{Gotisch}`
Schwabacher	`\textswab{Schwabacher}`
Old german	`{\frakfamily Old german}`
Gothic	`{\gothfamily Gothic}`
Schwabacher	`{\swabfamily Schwabacher}`

Bsp. 7.14: Gebrochene Schriften

Das Paket yfonts arbeitet mit den Paketen german bzw. ngerman zusammen, so dass die speziellen Eingaben für die Umlaute und das scharfe S gültig bleiben. Mit den Eingaben *a, *o und *u lässt sich ein kleines E anstelle der Punkte als Umlautzeichen setzen. Mit der Option varumlaut werden die Umlaute *immer* in dieser Form gesetzt.

yfonts
german
ngerman

In der Fraktur gibt es zwei verschiedene S, normalerweise wird das lange S (ſ) benutzt, nur am Wortende oder in der Wortfuge eines zusammengesetzten Wortes kommt das runde S (s) vor. Bei Fremdwörtern lässt sich nur durch einen Blick in einen älteren Duden herausfinden, welches S das richtige ist – im Zweifelsfalle ist es das lange S. In Namen polnischer Herkunft wird die Verbindung »sz« mit langem S gesetzt. Das S in der Endung »-ski« ist ebenfalls lang. Das runde S wird durch `s:` eingegeben. Folgt auf ein rundes S ein Doppelpunkt, so ist die Eingabe `s::`. Soll ausnahmsweise ein langes S vor einem Doppelpunkt stehen, ist die Eingabe `s\/:`.

In der Fraktur gibt es mehr Ligaturen als in der Antiqua, insbesondere werden die Gruppen ch und ck stets als Ligaturen gesetzt. Eine Ausnahme bilden osteuropäische Namen, in denen die Buchstabenkombination »ck« als »tsk« ausgesprochen wird. Hier muss die Ligatur aufgetrennt werden, was durch die Eingabe `c\/k` erreicht wird. In Namen polnischer Herkunft werden die Gruppen »sz« und »sk« mit langem S gesetzt.

	`{\frakfamily`
Wachstube, Wachſtube	`Wachs:tube, Wachstube`
eins, eins:	`eins:, eins::`
Bäcker, Bäcker	`B"acker, B*acker`
Lukaſzewſki	`Lukaszewski`
Hrdlicka	`Hrdlic\/ka`
	`}% Ende von \frakfamily`

Bsp. 7.15: Eingabe der gebrochenen Schriften

Die Rechtschreibreform erschwert den Fraktursatz zusätzlich, da nun die Buchstabengruppe »ss« am Ende des Wortes vorkommen kann und als Kombination aus langem und kurzem s gesetzt werden muss. Die zugehörige Eingabe ist `s\/s:` und erzeugt die Ausgabe ſs.

Die Zierinitialen werden mit `\yinipar` gesetzt. Dabei können nur die Großbuchstaben von A bis Z benutzt werden, Umlaute, Sonderzeichen oder Kleinbuchstaben gibt es nicht. Der Befehl `\fraklines` richtet den Zeilenabstand frakturgerecht ein.

m Schaufenſter eines Kleiderladens war einmal ein leuchtend farbiges Kleid aus feinem Stoff ausgeſtellt. Laila blieb davor ſtehen und ſagte zu ihrem Vater: „Dieſes Kleid hätte ich gern für das Feſt!“ Da kaufte der Vater es ihr, und Laila ging ſtolz auf das neue Kleid nach Hauſe.

```
\frakfamily\fraklines
\yinipar{I}m Schaufenster eines: Kleiderladens:
war einmal ein leuchtend farbiges: Kleid aus:
feinem Stoff aus:gestellt. Laila blieb davor
stehen und sagte zu ihrem Vater: "‘Dieses: Kleid
h"atte ich gern f"ur das: Fest!"’ Da kaufte der
Vater es: ihr, und Laila ging stolz auf das: neue
Kleid nach Hause.
```

Text aus [Raschid 1994].

Bsp. 7.16: Fraktur mit Zierinitiale

7.5 Internationales Phonetisches Alphabet (IPA)

	0	1	2	3	4	5	6	7	8	9	A	B	C	D	E	F
"0x	ˋ	ˊ	ˆ	˜	¨	˝	˚	ˇ	˘		˙	˒	˓	ʺ	ˋ	ˊ
"1x	⁀	⊓	⊔	□	›	‹	ᵚ	ᵐ	ˣ	1	J	˖	˔	˕	˧	˫
"2x	ˊ	!	ˈ	ʳ	˛	˒	~	;	(	)	*	+	,	-	.	/
"3x	ʉ	ɨ	ʌ	ɜ	ɥ	ɐ	ɒ	ɤ	ɵ	ɘ	ː	ˑ	‿	=	⁀	?
"4x	ə	ɑ	β	ɕ	ð	ɛ	ɸ	ɣ	ɦ	ɪ	ʝ	ʁ	ʎ	ɱ	ŋ	ɔ
"5x	ʔ	ʕ	ɾ	ʃ	θ	ʊ	ʋ	ɯ	χ	ʏ	ʒ	[	ʻ	]	⌝	⌜
"6x	ʽ	a	b	c	d	e	f	g	h	i	j	k	l	m	n	o
"7x	p	q	r	s	t	u	v	w	x	y	z	ǁ	ǀ	ǂ	˷	ˌ
"8x		\	\	\	\	/	/	/	/		\	\	\	\	/	/
"9x	/	/	ǀ	ǁ	↓	↑	↗	↘	ˏ	ˎ	ˆ	˜	ˈ	ʺ	˵	˶
"Ax	ƀ	đ	ȡ	ᶑ	ᴇ	ɡ	ɩ	ɿ	ᴊ	ʯ	ƚ	λ	ƛ	ɮ	ȵ	æ
"Bx	ω	Ω	ʆ	ȶ	ƫ	ʦ	ɥ	ʮ	ʓ	ɛ̢	ь	ъ	ˀ	˂	˃	ǀ
"Cx	ᴀ	ƈ	ʗ	ʤ	ɚ	ʚ	ɞ	ɝ	ɤ	ʛ	ɧ	ʜ	ι	ɟ	ƙ	ʟ
"Dx	ƺ	ɷ	ꞵ	ɗ	ɼ	ɺ	ƒ	ɶ	ɟ	ʧ	ᴜ	ʖ	ʡ	ʢ	ʐ	p
"Ex	ʙ	ɓ	ɗ	ɖ	ɠ	ɢ	æ	ç	ħ	ɟ	ʄ	ɬ	ɫ	ɭ	ɰ	ɳ
"Fx	ɴ	ɲ	ʘ	ɽ	ɹ	ɻ	ʀ	œ	ø	ʂ	ʈ	ʍ	ʐ	ʑ	þ	ƕ

Tab. 7.6: Phonetische Zeichen in tipa

tipa

Mit dem Paket tipa von Rei Fukui lässt sich die inter-

Tab. 7.7: Phonetische Zeichen in tipx

	0	1	2	3	4	5	6	7	8	9	A	B	C	D	E	F
"0x	˒	˓	˩	˞	▫	←	↔	↓	↑	→	↔					
"2x	ᶏ	ɑ	ꬱ	ꞙ	c	ʗ	ɕ	ᶑ	ɗ	ȸ	ᶒ	ᶓ	ɣ	ɤ	ɣ̢	ɧ̢
"3x	ɧ	ɩ	ʝ	ʆ	ɦɱ	ɲ	ɳ	♀	ϙ	ʘ	ʡ	ɷ	p	ɸ	ʅ	ƫ
"4x	ɟ	ƺ	ʓ	ɜ	ʖ	ʢ	ǀ	ǁ	ǂ	ǃ						
"5x	þ	þ	þ	þ	ʔ	ʔ	ʔ									
"7x	Ɐ	ᴁ	Δ	F	K	ꓘ	ᴊ	M	P	Q	ᴙ	∩				

Tab. 7.8: Eingabe phonetischer Symbole mit `tipa`

0	1	2	3	4	5	6	7	8	9	:	;	@
ʉ	ɨ	ʌ	ɜ	ɥ	ɐ	ɒ	ɤ	ɵ	ɘ	ː	ˑ	ə
A	B	C	D	E	F	G	H	I	J	K	L	M
ɑ	β	ç	ð	ɛ	ɸ	ɣ	ɦ	ɪ	ʝ	ʁ	ʎ	ɱ
N	O	P	Q	R	S	T	U	V	W	X	Y	Z
ŋ	ɔ	ʔ	ʕ	ɾ	ʃ	θ	ʊ	ʋ	ɯ	χ	ʏ	ʒ

tipx

nationale Lautschrift (IPA) setzen, das Paket `tipx` enthält weitere, ausgefallenere Zeichen. Die Lautschrift wird dabei durch den Befehl `\textipa` ausgewählt. Die Eingabe ist so einfach wie möglich gestaltet und orientiert sich an »ASCII-IPA«, einer Darstellung der Lautschrift mit ASCII-Zeichen für E-Mail. Alle Kleinbuchstaben stehen für sich selbst, die Großbuchstaben stehen für die am häufigsten gebrauchte Variante. Die Ziffern stellen weitere Vokale dar, der Doppelpunkt das Längenzeichen. Das Arrobazeichen steht für das Schwa ə.

Bsp. 7.17: Le Maître Phonétique, 1970

əs membəz wɪl nəʊ,
ðɪs ɪz ðə laːst
nʌmbər əv ði **m.f.** ɪn
ɪts prezənt fɔːm. ɑː
dʒɜːnl wəz pʌblɪʃt fə
ðə fɜːst taɪm ɪn 1889
...

```
\textipa{@s memb@z wIl n@U,
DIs Iz D@ la:st n2mb@r @v
Di \textbf{m.f.}
In Its prez@nt fO:m. A:
dZ3:nl w@z p2blISt f@ D@
f3:st taIm In} 1889 \dots
```

Ferner stehen für alle Zeichen Befehle, die mit `\text...` beginnen, zur Verfügung. Diese Befehle können frei im normalen Text verwendet werden.

wer, was *mhd.* wer, waȥ, *got.* ƕas, ƕa.

```
\textbf{wer, was}
\textit{mhd.} wer,
wa\textcommatailz,
\textit{got.} \texthvlig as,
\texthvlig a.
```

Bsp. 7.18: Germanistische Sonderzeichen

Die obigen Beispiele können nur einen kleinen Ausschnitt des Paketes `tipa` zeigen. Die ausgezeichnete Dokumentation [Fukui 2004] enthält nicht nur eine ausführliche Anleitung, sondern auch Hintergrundinformationen zu den einzelnen Symbolen.

`tipa`

Kapitel 8

Der Satz mathematischer Formeln

8.1 Einführung

Eine Formel wird in LaTeX eingegeben, »wie man sie spricht«.[1] Dies erleichtert dem Autor, der sich mit der Materie auskennt, die Eingabe.

Die einfachste Formel besteht nur aus einem einzigen Buchstaben, zum Beispiel dem Zeichen x für eine Variable.

Bsp. 8.1: Die einfachste Formel

Sei x eine Variable

```
Sei $x$ eine Variable
```

Diese Formel wird im Text durch Dollarzeichen oder durch die Befehle `\(` und `\)` eingeschlossen. Diese Befehle schalten den *mathematischen Modus* an und wieder aus.

Im mathematischen Modus werden *Leerzeichen* von TeX völlig ignoriert und können deshalb beliebig zur übersichtlichen Gestaltung der Eingabe verwendet werden. TeX hat ausgefeilte Regeln, mit denen es in Formeln die richtigen Abstände findet, eine Abweichung davon ist nur in Ausnahmefällen erforderlich. *Leerzeilen* sind im mathematischen Modus verboten, da sie von TeX als Befehl zum Beginn eines neuen Absatzes verstanden werden. Sollte dies zur Übersichtlichkeit der Eingabe erforderlich sein, empfiehlt es sich, stattdessen eine Kommentarzeile, die nur aus einem %-Zeichen besteht, zu verwenden.

Die berühmte Formel »E ist gleich m c hoch zwei« wird wie im folgenden Beispiel eingeben:

Bsp. 8.2: Einsteins Formel

$E = mc^2$

```
$ E = mc^2 $
```

[1] Natürlich auf englisch.

Dabei wird das Zeichen »^« als »hoch« gelesen und interpretiert.

Zeichen, die nicht durch die Tastatur dargestellt werden können, haben naheliegende Namen, so heißen die griechischen Buchstaben \alpha, \beta, ... (α, β, ...); das Zeichen $\approx$ wird durch \approx eingegeben.

TEX wird $\tau\epsilon\chi$ ausgesprochen.

$\pi \approx 3{,}141$

```
\TeX\ wird $\tau\epsilon\chi$
ausgesprochen.
$ \pi \approx 3{,}141 $
```

Bsp. 8.3: Formeln mit griechischen Buchstaben

Formeln werden häufig vom übrigen Text abgesetzt. Dazu gibt es zwei Umgebungen, je nachdem ob die Formeln nummeriert werden sollen oder nicht. Nummerierte Formeln werden in der equation-Umgebung eingebunden, Formeln ohne Nummern in der displaymath-Umgebung oder durch die Befehle \[und \].

Dies ist eine abgesetzte Formel mit Nummer

$$a^2 + b^2 = c^2. \quad (8.1)$$

Es folgt eine Ungleichung ohne Nummer

$$\epsilon > 0.$$

```
Dies ist eine abgesetzte
Formel mit Nummer
\begin{equation}
a^2 + b^2 = c^2.
\end{equation}
Es folgt eine Ungleichung
ohne Nummer
\begin{displaymath}
\epsilon > 0.
\end{displaymath}
```

Bsp. 8.4: Abgesetzte Formeln

8.2 Variablen

Die Buchstaben A–Z, a–z, die großen griechischen Buchstaben und die Ziffern 0–9 sind variabel unter LATEX, das heißt, dass sie aus verschiedenen Schriften gesetzt werden können.

Die lateinischen Buchstaben werden normalerweise als besondere mathematische Kursive gesetzt, die großen griechischen Buchstaben und die Ziffern als aufrechte Zeichen.

Es ist allerdings möglich, von dieser Voreinstellung abzuweichen und diese Zeichen aus einer ganzen Reihe von *mathematischen Alphabeten* zu nehmen. Das kalligrafische Alphabet, das durch `\mathcal` geladen wird, enthält nur die lateinischen Großbuchstaben. Der Befehl `\mathnormal` setzt alle griechischen Großbuchstaben als mathematische Kursive und alle Ziffern als Mediävalziffern (Ziffern mit Ober- und Unterlängen 1234567890).

$ABcd\Phi\Psi12$	`$ABcd\Phi\Psi12 $`
$\mathrm{ABcd\Phi\Psi12}$	`$\mathrm{ABcd\Phi\Psi12}$`
$\mathbf{ABcd\Phi\Psi12}$	`$\mathbf{ABcd\Phi\Psi12}$`
$\mathsf{ABcd\Phi\Psi12}$	`$\mathsf{ABcd\Phi\Psi12}$`
$\mathtt{ABcd\Phi\Psi12}$	`$\mathtt{ABcd\Phi\Psi12}$`
$\mathit{ABcd\Phi\Psi12}$	`$\mathit{ABcd\Phi\Psi12}$`
$\mathnormal{ABcd\Phi\Psi12}$	`$\mathnormal{ABcd\Phi\Psi12}$`
$\mathcal{ABCXYZ}$	`$\mathcal{ABCXYZ}$`

Bsp. 8.5: Mathematische Alphabete

Es gibt einen Unterschied zwischen den üblichen Kursiven, die durch `\mathit` geladen werden, und den mathematischen Kursiven. Letztere werden mit weiterem Abstand gesetzt und bilden keine Ligaturen wie das *ff* im unten stehenden Beispiel. Dadurch eignet sich das mathematische Alphabet `\mathit` besonders für mathematische Wörter, z. B. Namen von Funktionen.

$\mathit{different}$	`$ \mathit{different} $`
$different$	`$ different $`
$\mathit{last := first;}$	`$ \mathit{last := first;} $`

Bsp. 8.6: Besonderheiten der mathematischen Kursive

8.3 Hoch- und Tiefstellen

Die beiden Zeichen ^ und _ dienen zum Hoch- und Tiefstellen in Formeln. Sie wirken nur auf ein einzelnes Zeichen; soll eine

Γ	`\Gamma`	Ξ	`\Xi`	Φ	`\Phi`
Δ	`\Delta`	Π	`\Pi`	Ψ	`\Psi`
Θ	`\Theta`	Σ	`\Sigma`	Ω	`\Omega`
Λ	`\Lambda`	Υ	`\Upsilon`		

Tab. 8.1: Große griechische Buchstaben

Gruppe von mehreren Zeichen hoch- oder tiefgestellt werden, ist sie in Schweifklammern einzuschließen.

Soll ein tiefgestelltes Zeichen *vor* einem anderen stehen, so wird es hinter eine leere Gruppe gesetzt, die Eingabe `$ {}_2F $` führt zur Ausgabe ${}_2F$.

Mehrmaliges Hoch- oder Tiefstellen ist möglich, wobei es hier auf die Reihenfolge und die richtige Gruppierung ankommt.

2^x	`$ 2^x $`
2^{2^x}	`$ 2^{2^x} $`
$2^{2^{2^x}}$	`$ 2^{2^{2^x}} $`
e^{-x^2}	`$ e^{-x^2} $`
a_1	`$ a_1 $`
a_{12}	`$ a_{12} $`
${}_2F_3$	`$ {}_2F_3 $`
b_{x^2}	`$ b_{x^2} $`
y^{a_2}	`$ y^{a_2} $`

Bsp. 8.7: Hoch- und Tiefstellen

Gleichzeitiges Hoch- und Tiefstellen ist möglich, dabei werden die oberen und unteren Indices übereinander angeordnet. Soll die Reihenfolge der Indices erkennbar bleiben, wie es manchmal erforderlich ist, werden leere Gruppen eingeschoben.

$a^2_1 = a_1^2$	`$ a^2_1 = a_1^2 $`
$\gamma^{\mu\nu}_{\rho\sigma}$	`$\gamma^{\mu\nu}_{\rho\sigma}$`
Aber: $g^{\mu}{}_{\nu}$	`Aber: $ g^{\mu}{}_{\nu} $`

Bsp. 8.8: Gleichzeitiges Hoch- und Tiefstellen

Ein besonderes hochgestelltes Zeichen ist der Strich, der zur Darstellung einer Ableitung verwendet wird. Dieser kann in einer Formel einfach durch das Hochkomma eingegeben werden.

f'	`$ f' $`
f''	`$ f'' $`
y''_x	`$ y''_x $`

Bsp. 8.9: Ableitungen

Anstelle der Zeichen `^` und `_` können auch die Befehle `\sp` und `\sb` zum Hoch- und Tiefstellen verwendet werden.

x^2	`$ x\sp2 $`
a_{12}	`$ a\sb{12} $`

Bsp. 8.10: Ersatzbefehle zum Hoch- und Tiefstellen

8.4 Brüche

Brüche werden normalerweise mit dem Befehl `\frac` gesetzt. So ergibt `$ \frac{2}{3} $` das Resultat $\frac{2}{3}$. Manchmal ist es sinnvoll, einen Bruch stattdessen in der Form $2/3$ darzustellen, was durch die Eingabe `$ 2/3 $` geschieht. Diese Form empfiehlt sich besonders bei Brüchen, die in anderen Brüchen oder innerhalb von Exponenten vorkommen.

$\frac{a+b}{c+d}$	`$ \frac{a+b}{c+d} $`
$\frac{1+a/b}{1-c/d}$	`$ \frac{1+a/b}{1-c/d} $`
$e^{a/2}$	`$ e^{a/2} $`

Bsp. 8.11: Brüche

In einer abgesetzten Formel werden Brüche größer dargestellt als in einer Formel innerhalb einer Zeile. Grundsätzlich lässt sich die Darstellungsform durch die beiden Befehle `\textstyle` und `\displaystyle` auswählen. Dabei ist `\textstyle` in einer Formel innerhalb einer Zeile die Voreinstellung, während `\displaystyle` in einer abgesetzten Formel gewählt wird.

$$\frac{a+b}{c+d}$$

$\tfrac{1}{2}$ $\frac{1}{2}$

```
\begin{displaymath}
\frac{a+b}{c+d}
\end{displaymath}
\begin{displaymath}
{\textstyle\frac{1}{2}}
   \frac{1}{2}
\end{displaymath}
```

Bsp. 8.12: Brüche in abgesetzten Formeln

units

Für Brüche im Text gibt es im Paket `units` von Axel Reichert das schöne Makro `\nicefrac`. Das Ergebnis von `\nicefrac{2}{3}` ist $^2/_3$.

8.5 Wurzeln

Quadratwurzeln werden mit dem Befehl `\sqrt` erzeugt. Die Größe des Wurzelzeichens passt sich dabei automatisch an den Radikanden an.

$\sqrt{2}$
$\sqrt{a+b}$
$\sqrt{1+\sqrt{1+\sqrt{2}}}$

```
$ \sqrt2 $
$ \sqrt{a+b} $
$ \sqrt{1+\sqrt{1+\sqrt2}} $
```

Bsp. 8.13: Quadratwurzeln

Um beliebige Wurzeln zu setzen, gibt man den Befehl `\sqrt` mit einem optionalen Argument an; so ergibt beispielsweise `\sqrt[3]{2}` die dritte Wurzel aus 2, $\sqrt[3]{2}$.

$\sqrt[5]{a+b}$
$\sqrt[n]{10}$

```
$ \sqrt[5]{a+b} $
$ \sqrt[n]{10} $
```

Bsp. 8.14: Beliebige Wurzeln

8.6 Mathematische Akzente

In Formeln werden oftmals Akzente über die Buchstaben gesetzt, sei es um die Ableitung nach der Zeit durch Punkte anzudeuten, sei es, um verwandte Symbole zu definieren.

Um Akzente auf i oder j zu setzen, gibt es spezielle Zeichen ohne Punkt, die durch `\imath` bzw. `\jmath` gesetzt werden. Der Kringel-Akzent `\mathring` wurde im Juni 1998 neu in LaTeX 2ε eingeführt.

$v = \dot{x}$	`$ v = \dot{x} $`
$a = \ddot{x}$	`$ a = \ddot{x} $`
$\vec{x}+\vec{X} = \vec{0}$	`$\vec{x}+\vec{X} = \vec{0}$`
$\hat{\imath},\bar{\jmath}$	`$\hat{\imath},\bar{\jmath}$`
$\mathring{m}$	`$ \mathring{m} $`

Bsp. 8.15: Mathematische Akzente

Von der Tilde und dem Dach gibt es breitere Formen, die mit den Befehlen `\widetilde` und `\widehat` aufgerufen werden. Diese passen sich in der Breite automatisch an ihr Argument an, wobei sie etwa drei Buchstaben überspannen können. Das Paket `amssymb` stellt breitere Formen zur Verfügung, die für bis zu fünf Buchstaben reichen. Mit Hilfe des Paketes `yhmath` von Yannis Haralambous sind noch breitere Akzente erhältlich, die ganze Formeln überspannen können.

`amssymb`

`yhmath`

$\widehat{AB}$	`$ \widehat{AB} $`
$\widehat{ABC}$	`$ \widehat{ABC} $`
$\widetilde{EFG}$	`$ \widetilde{EFG} $`

Bsp. 8.16: Weite Akzente

Unbegrenzte Länge können *Über-* und *Unterstreichungen* erreichen. Diese werden durch die Befehle `\overline`, `\underline`, `\overleftarrow` und `\overrightarrow` erreicht.

$\overline{AB}$	`$ \overline{AB} $`
$\overleftarrow{CD}$	`$ \overleftarrow{CD} $`
$\overrightarrow{EF}$	`$ \overrightarrow{EF} $`
$\underline{10}$	`$ \underline{10} $`
$x^{\underline{n}}$	`$ x^{\underline{n}} $`
$x^{\overline{m+n}}$	`$ x^{\overline{m+n}} $`

Bsp. 8.17: Über- und Unterstreichungen

Waagrechte Klammern über oder unter einem Ausdruck werden durch die Befehle `\overbrace` und `\underbrace` er-

$\hat{a}$	`\hat a`	$\check{a}$	`\check a`	$\tilde{a}$	`\tilde a`
$\acute{a}$	`\acute a`	$\grave{a}$	`\grave a`	$\dot{a}$	`\dot a`
$\ddot{a}$	`\ddot a`	$\breve{a}$	`\breve a`	$\bar{a}$	`\bar a`
$\mathring{a}$	`\mathring a`	$\vec{a}$	`\vec a`		

Tab. 8.2: Mathematische Akzente

zeugt. An die Klammer kann ein Kommentar geschrieben werden.

$$\underbrace{x+x+\cdots+x}_n$$
$$\overbrace{a*a*\cdots*a}^m$$

```
$\underbrace{x+x+\cdots+x}_n$
$\overbrace{a*a*\cdots*a}^m$
```

Bsp. 8.18: Waagrechte Klammern

Obere und untere Klammern können mit Hilfe des Paketes `oubraces` von Donald Arseneau verschachtelt werden. Der Befehl `\overunderbraces` hat drei Argumente. Im ersten Argument stehen die Klammern oberhalb der Formel, dann kommt die Formel selbst, und drittens stehen die Klammern unterhalb der Formel. Die Formel wird an jeder Stelle, wo eine Klammer beginnt oder endet, mit dem Et-Zeichen in Abschnitte geteilt. Der Befehl `\br` hat zwei Argumente, das erste Argument gibt an, wie viele Abschnitte geklammert werden sollen, und das zweite enthält eine Beschriftung. Abschnittsgrenzen, die nicht von einer Klammer umfasst werden, werden durch Et-Zeichen eingegeben. Et-Zeichen hinter der letzten Klammer kann man zur Vereinfachung weglassen.

`oubraces`

$$a+b+\overbrace{c+d+e+f}^{x}+\overbrace{g+h+i+j}^{y}+k+l+m=\pi r^2 \quad (\text{mit } \underbrace{e+f+g+h}_{z})$$

```
\overunderbraces
{        &\br{2}{x}      & &\br{2}{y}}
{a + b +&c + d +&e + f&+&g + h&+ i + j&+ k + l + m}
{        &        &\br{3}{z}}
= \pi r^2
```

Bsp. 8.19: Verschachtelte obere und untere Klammern

8.7 Einwertige Operatoren

8.7.1 Integrale und Summen

Integrale und Summen werden durch große Zeichen $\int$ (`\int`) und $\sum$ (`\sum`) dargestellt. Diese und einige andere große Operatoren haben folgende besondere Eigenschaften:

- Das verwendete Zeichen ist in einer Formel im Text kleiner als in einer abgesetzten Formel.
- Bei vielen großen Operatoren können Grenzen angegeben werden. Diese werden im Text *hinter* den Operator gesetzt, so ergibt `$\sum_{n=1}^{\infty}$` $\sum_{n=1}^{\infty}$, während in einer abgesetzten Formel

$$\sum_{n=1}^{\infty}$$

erscheint.

Integrale verhalten sich ein wenig anders, wie im folgenden Beispiel dargestellt.

Im Text: $\int_{0}^{\pi}$
Abgesetzte Formel:

$$\int_{0}^{\pi}$$

Mit Grenzen:

$$\int\limits_{0}^{\pi}$$

```
Im Text: $\int_{0}^{\pi}$
Abgesetzte Formel:
\begin{displaymath}
\int_{0}^{\pi}
\end{displaymath}

Mit Grenzen:
\begin{displaymath}
\int\limits_{0}^{\pi}
\end{displaymath}
```

Bsp. 8.20: Integrale

Mit dem Befehl `\limits` können Grenzen über und unter einem Operator gesetzt werden, mit `\nolimits` werden die Grenzen wieder hinter den Operator gesetzt. Der Fall `\int\limits` kommt so häufig vor, dass es hierfür den eigenen Befehl `\intop` gibt.

In der Tabelle 8.3 sind alle großen Operatoren, die LaTeX kennt, aufgeführt.

$\sum$	\sum	$\bigcap$	\bigcap	$\bigodot$	\bigodot
$\prod$	\prod	$\bigcup$	\bigcup	$\bigotimes$	\bigotimes
$\coprod$	\coprod	$\bigsqcup$	\bigsqcup	$\bigoplus$	\bigoplus
$\int$	\int	$\bigvee$	\bigvee	$\biguplus$	\biguplus
$\oint$	\oint	$\bigwedge$	\bigwedge		

Tab. 8.3: Große Operatoren

\arccos	\cos	\csc	\exp	\ker	\lim	\min	\sinh
\arcsin	\cosh	\deg	\gcd	\lg	\ln	\Pr	\sup
\arctan	\cot	\det	\hom	\liminf	\log	\sec	\tan
\arg	\coth	\dim	\inf	\limsup	\max	\sin	\tanh

Tab. 8.4: Spezielle Funktionen

8.7.2 Spezielle Funktionen

Zu den einwertigen Operatoren gehören auch die speziellen mathematischen Funktionen wie Sinus, Logarithmus oder Exponentialfunktion. Die Namen der speziellen Funktionen werden in Antiqua gesetzt, um sie von den kursiven Variablen besser unterscheiden zu können. Die Befehle sind sehr einfach, sie sind gleich dem Funktionskürzel (also `\sin` für den Sinus). Auch spezielle Funktionen können Grenzen haben, wenn dies sinnvoll ist, beispielsweise beim Minimum oder Maximum.

$$\sin^2 x + \cos^2 x = 1$$

```
\[
\sin^2 x + \cos^2 x = 1
\]
```

$$\max_{n \in \mathbf{N}} f(n)$$

```
\[
\max_{n \in \mathbf{N}} f(n)
\]
```

Bsp. 8.21: Spezielle Funktionen

Eine vollständige Liste der in LaTeX vorhandenen speziellen Funktionen enthält die Tabelle 8.4.

Die Modulofunktion kann in zwei verschiedenen Formen auftreten, die durch die beiden Befehle `\bmod` und `\pmod` dargestellt werden.

Bsp. 8.22: Die Modulofunktion

$8 \bmod 5 = 3$	`$ 8 \bmod 5 =3 $\\`
$8 = 3 \pmod 5$	`$ 8 = 3 \pmod 5 $`

amsopn
amslatex

Mit Hilfe des Paketes `amsopn` aus dem `amslatex`-Bündel lassen sich auf einfache Weise weitere spezielle Funktionen definieren. Hierzu dient der Befehl `\DeclareMathOperator`, der nur in der Prämbel des Dokumentes, also vor dem Befehl `\begin{document}`, verwendet werden kann. Normalerweise wird eine spezielle Funktion ohne Grenzen definiert, mit der ∗-Form des Befehls wird ein Operator mit Grenzen definiert.

$$\operatorname{rot} H = \operatorname*{Lim}_{n\to \infty} j(n)$$

Bsp. 8.23: Definition von weiteren speziellen Funktionen

```
\DeclareMathOperator{\rot}{rot}
\DeclareMathOperator*{\Lim}{Lim}

\rot H = \Lim_{n\to \infty} j(n)
```

8.8 Zweiwertige Operatoren

Die Zeichen `+`, `-` und `*` sind Beispiele für zweiwertige Operatoren. Viele weitere zweiwertige Operatoren werden durch Befehle angesprochen, da die notwendigen Zeichen so nicht auf der Tastatur vorhanden sind. Zwischen den Operator und den beiden Operanden setzt TEX automatisch einen kleinen Abstand, so dass die Formel »richtig« aussieht.

Bsp. 8.24: Zweiwertige Operatoren

$a*b \div c$	`$ a*b \div c $`
$A \cup B \cap C$	`$ A \cup B \cap C $`
$f \circ g \bullet h$	`$ f \circ g \bullet h $`
$x \times y \cdot z$	`$ x \times y \cdot z $`

TEX erkennt automatisch, ob zweiwertige Operatoren als solche verwendet werden, oder ob sie z. B. als Vorzeichen zu interpretieren sind. So ergibt die Eingabe `$ {-1} $` die Zahl -1 mit einem negativen Vorzeichen, welches dicht an

$+$	`+`	$-$	`-`	$*$	`*`
$\pm$	`\pm`	$\mp$	`\mp`	$\times$	`\times`
$\div$	`\div`	$\cdot$	`\cdot`	$\star$	`\star`
$\circ$	`\circ`	$\bullet$	`\bullet`	$\setminus$	`\setminus`
$\dagger$	`\dagger`	$\ddagger$	`\ddagger`	$\bigcirc$	`\bigcirc`
$\oplus$	`\oplus`	$\ominus$	`\ominus`	$\odot$	`\odot`
$\otimes$	`\otimes`	$\oslash$	`\oslash`	$\uplus$	`\uplus`
$\cup$	`\cup`	$\cap$	`\cap`	$\triangleleft$	`\triangleleft`
$\sqcup$	`\sqcup`	$\sqcap$	`\sqcap`	$\triangleright$	`\triangleright`
$\vee$	`\vee`	$\wedge$	`\wedge`	$\bigtriangledown$	`\bigtriangledown`
$\wr$	`\wr`	$\amalg$	`\amalg`	$\bigtriangleup$	`\bigtriangleup`
$\diamond$	`\diamond`				

Tab. 8.5: Zweiwertige Operatoren

der Bezugszahl steht. Andererseits lässt sich durch die Eingabe `$ {}+1 $` die Ausgabe $+1$ erreichen, was etwa als ein weiteres Glied einer Summe zu lesen wäre.

$-1+1=0$	`$ -1+1=0 $`
$x=-1$	`$ x=-1 $`
$3{,}142-$	`$ 3{,}142- $`
$***$	`$ *** $`
Aber: $*{*}*$	`Aber: $ *{*}* $`

Bsp. 8.25: Eigenschaften von zweiwertigen Operatoren

8.9 Relationen

Die Zeichen =, >, < und : stellen Relationen dar. Viele weitere Relationen stehen durch zusätzliche Befehle zur Verfügung, eine Übersicht gibt die Tabelle 8.6.

TEX fügt links und rechts von einer Relation automatisch einen kleinen Zwischenraum ein, so dass eine Formel übersichtlich gegliedert wird.

Relationen können mit dem Befehl `\not` verneint werden, für die häufige vorkommende Relation $\neq$ gibt es den fertigen Befehl `\neq`.

$<$	`<`	$>$	`>`	$=$	`=`
$\leq$	`\leq`	$\geq$	`\geq`	$\equiv$	`\equiv`
$\prec$	`\prec`	$\succ$	`\succ`	$\sim$	`\sim`
$\preceq$	`\preceq`	$\succeq$	`\succeq`	$\simeq$	`\simeq`
$\ll$	`\ll`	$\gg$	`\gg`	$\asymp$	`\asymp`
$\sqsubseteq$	`\sqsubseteq`	$\sqsupseteq$	`\sqsupseteq`	$\bowtie$	`\bowtie`
$\vdash$	`\vdash`	$\dashv$	`\dashv`	$\models$	`\models`
$\subset$	`\subset`	$\supset$	`\supset`	$\approx$	`\approx`
$\subseteq$	`\subseteq`	$\supseteq$	`\supseteq`	$\cong$	`\cong`
$\in$	`\in`	$\ni$	`\ni`	$\propto$	`\propto`
$\smile$	`\smile`	$\mid$	`\mid`	$\doteq$	`\doteq`
$\frown$	`\frown`	$\parallel$	`\parallel`	$\perp$	`\perp`
$:$	`:`				

Tab. 8.6: Relationen

$x=y>z$	`$ x=y>z $`
$i:=i+1$	`$ i:=i+1 $`
$A \subset B \subseteq C$	`$ A \subset B \subseteq C $`
$C \not\subset A$	`$ C \not\subset A $`

Bsp. 8.26: Relationen

Viele Relationen werden in der Mathematik durch Pfeile mit besonderen Enden ausgedrückt. Die in LaTeX verfügbaren Pfeile sind in der Tabelle 8.7 zu finden. Auch Pfeile können mit dem Befehl `\not` verneint werden. Pfeile, die nach oben und/oder nach unten zeigen, gehören nicht zu den Relationen, sondern werden im nächsten Abschnitt behandelt.

$f\colon A \to B$	`$f\colon A \to B$`
$x \mapsto y=x^2$	`$ x \mapsto y=x^2 $`
$A \not\Rightarrow B$	`$ A \not\Rightarrow B $`

Bsp. 8.27: Pfeile

Relationen können aus übereinander gesetzten Zeichen konstruiert sein. Hierzu hat LaTeX den Befehl `\stackrel`. Das erste Argument wird in kleinerer Größe über das zweite gesetzt. So lässt sich ein Entsprichtzeichen $\stackrel{\wedge}{=}$ darstellen.

$\leftarrow$	\leftarrow	$\longleftarrow$	\longleftarrow
$\Leftarrow$	\Leftarrow	$\Longleftarrow$	\Longleftarrow
$\rightarrow$	\rightarrow	$\longrightarrow$	\longrightarrow
$\Rightarrow$	\Rightarrow	$\Longrightarrow$	\Longrightarrow
$\leftrightarrow$	\leftrightarrow	$\longleftrightarrow$	\longleftrightarrow
$\Leftrightarrow$	\Leftrightarrow	$\Longleftrightarrow$	\Longleftrightarrow
$\nearrow$	\nearrow	$\searrow$	\searrow
$\nwarrow$	\nwarrow	$\swarrow$	\swarrow
$\mapsto$	\mapsto	$\longmapsto$	\longmapsto
$\hookleftarrow$	\hookleftarrow	$\hookrightarrow$	\hookrightarrow
$\leftharpoonup$	\leftharpoonup	$\rightharpoonup$	\rightharpoonup
$\leftharpoondown$	\leftharpoondown	$\rightharpoondown$	\rightharpoondown
		$\rightleftharpoons$	\rightleftharpoons

Tab. 8.7: Pfeile

$A\stackrel{\wedge}{=}B$
$X\stackrel{\mathrm{def}}{=}Y$
$P\stackrel{f}{\longrightarrow}Q$

```
$ A\stackrel{\wedge}{=}B $
$ X\stackrel{\mathrm{def}}{=}Y $
$P\stackrel{f}{\longrightarrow}Q$
```

Bsp. 8.28: Relationen mit übereinandergesetzten Zeichen

Eine Erweiterung des Befehls `\stackrel` bringt das Paket `stackrel` von Heiko Oberdiek. Mit einem zusätzlichen optionalen Argument können nun auch kleinere Zeichen unter das Relationszeichen gesetzt werden. Außerdem stellt das Paket `stackrel` den Befehl `\stackbin` zur Verfügung, mit dem zweiwertige Operatoren gestapelt werden können.

`stackrel`

$M \underset{f^{-1}}{\overset{f}{\rightleftarrows}} N$
$x \underset{\circ}{=} y$
$a \underset{\cdot}{+} b$

```
$M \stackrel[f^{-1}]{f}{\rightleftarrows} N$

$ x \stackrel[\circ]{}{=} y $
$ a \stackbin[\cdot]{}{+} b $
```

Bsp. 8.29: Erweiterung des Befehls `\stackrel`

<table>
<tr><td>$($</td><td><code>(</code></td><td>$[$</td><td><code>[</code></td><td>$\{$</td><td><code>\{</code></td></tr>
<tr><td>$\lbrack$</td><td><code>\lbrack</code></td><td>$\lfloor$</td><td><code>\lfloor</code></td><td>$\lceil$</td><td><code>\lceil</code></td></tr>
<tr><td>$\lbrace$</td><td><code>\lbrace</code></td><td>$\langle$</td><td><code>\langle</code></td><td></td><td></td></tr>
<tr><td>$)$</td><td><code>)</code></td><td>$]$</td><td><code>]</code></td><td>$\}$</td><td><code>\}</code></td></tr>
<tr><td>$\rbrack$</td><td><code>\rbrack</code></td><td>$\rfloor$</td><td><code>\rfloor</code></td><td>$\rceil$</td><td><code>\rceil</code></td></tr>
<tr><td>$\rbrace$</td><td><code>\rbrace</code></td><td>$\rangle$</td><td><code>\rangle</code></td><td></td><td></td></tr>
<tr><td>$/$</td><td><code>/</code></td><td>$\backslash$</td><td><code>\backslash</code></td><td></td><td></td></tr>
<tr><td>$\vert$</td><td><code>|</code></td><td>$\Vert$</td><td><code>\|</code></td><td></td><td></td></tr>
<tr><td>$\uparrow$</td><td><code>\uparrow</code></td><td>$\downarrow$</td><td><code>\downarrow</code></td><td>$\updownarrow$</td><td><code>\updownarrow</code></td></tr>
<tr><td>$\Uparrow$</td><td><code>\Uparrow</code></td><td>$\Downarrow$</td><td><code>\Downarrow</code></td><td>$\Updownarrow$</td><td><code>\Updownarrow</code></td></tr>
<tr><td>$\arrowvert$</td><td><code>\arrowvert</code></td><td>$\Arrowvert$</td><td><code>\Arrowvert</code></td><td>$\bracevert$</td><td><code>\bracevert</code></td></tr>
<tr><td>$\lgroup$</td><td><code>\lgroup</code></td><td>$\rgroup$</td><td><code>\rgroup</code></td><td></td><td></td></tr>
<tr><td>$\lmoustache$</td><td><code>\lmoustache</code></td><td>$\rmoustache$</td><td><code>\rmoustache</code></td><td></td><td></td></tr>
</table>

Tab. 8.8: Klammern

8.10 Klammern

Direkt durch die Tastatur können die runden `()` und die eckigen Klammern `[]` eingeben werden, die Schweifklammern werden mit den Befehlen `\{` und `\}` eingeben. Ferner gibt es eine Reihe weiterer Klammern, die durch die in Tabelle 8.8 aufgeführten Befehle zugänglich sind.

Die Befehle `\left` und `\right` messen die Höhe der zwischen ihnen eingeschlossenen Teilformel und setzen die Klammern in der passenden Größe.

Die im unteren Viertel der Tabelle aufgeführten Klammern (z. B. `\lmoustache`) sind *ausschließlich* als große Klammern mit den Befehlen `\left` und `\right` erhältlich.

Die beiden Klammern, die mit `\left` und `\right` gepaart werden, brauchen nicht von derselben Sorte sein. Ebenso wenig ist es notwendig, dass `\left` mit einer linken und `\right` mit einer rechten Klammer verbunden wird.

$$\left(\frac{n}{n+1}\right)^2$$

```
\left(\frac{n}{n+1}\right)^2
```

$$\left(\frac{1}{3},\frac{2}{3}\right]$$

```
\left(\frac{1}{3},
 \frac{2}{3}\right]
```

$$\left]\frac{1}{3},\frac{2}{3}\right[$$

```
\left] \frac{1}{3},
 \frac{2}{3} \right[
```

Bsp. 8.30: Klammern

Eine besondere Klammer ist die *unsichtbare Klammer*, die durch `\left.` bzw. `\right.` erzeugt wird.

$$\left.\frac{x+1}{x-1}\right|_{2}^{4}$$

```
\left. \frac{x+1}{x-1}
\right|_{2}^{4}
```

Bsp. 8.31: Anwendung der unsichtbaren Klammer

8.11 Mathematische Interpunktionen

,	,	;	;	:	\colon	.	\ldotp	·	\cdotp

Tab. 8.9: Mathematische Interpunktionen

Die beiden Zeichen , und ; sind mathematische Interpunktionen, d. h. LaTeX lässt hinter diesen einen kleinen Zwischenraum, bevor es das nächste Zeichen setzt. Beim Komma ist dieses Verhalten dann unerwünscht, wenn es das Dezimalkomma ist. In diesem Fall hilft es, das Komma in eine Gruppe einzuschließen (`{,}`). Der Doppelpunkt ist normalerweise eine Relation, aber mit dem Befehl `\colon` kann er als mathematische Interpunktion verwendet werden. Einige weitere mathematische Interpunktionen sind durch spezielle Befehle definiert, eine Übersicht gibt Tabelle 8.9.

Bsp. 8.32: Mathematische Interpunktionen

$f(a,b;x)$	`$ f(a,b;x) $`
$f\colon A \to B$	`$ f\colon A \to B $`
$\{1,2,3\}$	`$ \{1,2,3\} $`
Aber: $3{,}141592$	`Aber: $ 3{,}141592 $`

8.12 Auslassungszeichen

LaTeX kennt vier verschiedene Auslassungszeichen in Formeln. Drei Punkte auf der Grundlinie werden durch den Befehl `\ldots` erzeugt, während drei Punkte auf der mathematischen Achse durch `\cdots` bereitgestellt werden. In Matrizen werden auch Auslassungen in senkrechter und diagonaler Richtung gebraucht, die durch die Befehle `\vdots` und `\ddots` gesetzt werden.

Bsp. 8.33: Auslassungen in Formeln

$\pi=3{,}141\ldots$	`$ \pi=3{,}141\ldots $`
$a+b+\cdots+y+z$	`$ a+b+\cdots+y+z $`

Tab. 8.10: Mathematische Auslassungszeichen

$\ldots$	`\ldots`	$\cdots$	`\cdots`	$\vdots$	`\vdots`	$\ddots$	`\ddots`

8.13 Weitere Symbole

LaTeX kennt eine große Anzahl weiterer mathematischer Symbole, angefangen von den kleinen griechischen Buchstaben über das Zeichen für partielle Ableitungen `\partial` (∂) bis zu Exoten wie dem Weierstraß'schen p `\wp` ($\wp$). Alle vorhandenen Symbole sind in der Tabelle 8.12 aufgeführt.

Zu den kleinen griechischen Buchstaben ist noch zu bemerken, dass es hier einige Varianten gibt, so ist das normale Sigma σ durch den Befehl `\sigma` gegeben, das Schlusssigma ς durch den Befehl `\varsigma`. Stilistische Varianten gibt es von den Buchstaben Epsilon, Theta, Pi, Rho und Phi. Von diesen Varianten darf stets nur eine in einem Dokument verwendet werden, diese kann jedoch nach dem Geschmack des

Autors frei gewählt werden. Einen Befehl \omikron gibt es nicht, denn ein kleines Omikron kann nicht von einem kursiven lateinischen o unterschieden werden.

α	\alpha	ι	\iota	ϱ	\varrho
β	\beta	κ	\kappa	σ	\sigma
γ	\gamma	λ	\lambda	ς	\varsigma
δ	\delta	μ	\mu	τ	\tau
ϵ	\epsilon	ν	\nu	υ	\upsilon
ε	\varepsilon	ξ	\xi	ϕ	\phi
ζ	\zeta	o	o	φ	\varphi
η	\eta	π	\pi	χ	\chi
θ	\theta	ϖ	\varpi	ψ	\psi
ϑ	\vartheta	ρ	\rho	ω	\omega

Tab. 8.11: Kleine griechische Buchstaben

∂	\partial	$\hbar$	\hbar	$\wp$	\wp
$\imath$	\imath	$\jmath$	\jmath	ℓ	\ell
$\Im$	\Im	$\Re$	\Re	$\aleph$	\aleph
$\forall$	\forall	$\exists$	\exists	$\neg$	\neg
$\flat$	\flat	$\natural$	\natural	$\sharp$	\sharp
$\vert$	\vert	$\Vert$	\Vert	∞	\infty
$\top$	\top	$\bot$	\bot	$\backslash$	\backslash
∇	\nabla	$\triangle$	\triangle	$\surd$	\surd
$\clubsuit$	\clubsuit	$\spadesuit$	\spadesuit	$\heartsuit$	\heartsuit
$\diamondsuit$	\diamondsuit	$\prime$	\prime	$\emptyset$	\emptyset
$\angle$	\angle	$\_$	\mathunderscore	$\S$	\S
$\P$	\P	£	\pounds	$\$$	\mathdollar
$\%$	\%	$\#$	\#	$\&$	\&
@	@				

Tab. 8.12: Vermischte Symbole

In LaTeX 2_ε sind auch das Dollar- und das Pfundzeichen sowie ein Unterstrich als mathematische Symbole erhältlich. Dies ist beim Satz von Algorithmen in der Informatik nützlich.

Für einige Symbole, Operatoren und Relationen gibt es mehrere Namen, eine Übersicht über die Synonyme gibt die Tabelle 8.13.

$\neq$	\ne, \neq	\not=	$\ni$	\owns	\ni
$\leq$	\le	\leq	$\geq$	\ge	\geq
$\{$	\{	\lbrace	$\}$	\}	\rbrace
$\rightarrow$	\to	\rightarrow	$\leftarrow$	\gets	\leftarrow
$\wedge$	\land	\wedge	$\vee$	\lor	\vee
$\vert$	\vert	|	$\Vert$	\Vert	\\\|
$\neg$	\lnot	\neg	$\ast$	\ast	*

Tab. 8.13: Synonyme

8.14 Abstände in Formeln

Manchmal ist es wünschenswert, in Formeln Abstände von Hand zu setzen. Hierzu gibt es eine Reihe von Abstandsbefehlen: Ein doppeltes Geviert wird mit dem Befehl \qquad erzeugt, ein einfaches Geviert mit \quad. Ein normaler Wortabstand (ein halbes Geviert) wird durch den Befehl \␣ gesetzt. Ein größerer Abstand wird durch \; erzeugt, ein mittlerer durch \> und ein kleiner durch \,. Zu guter Letzt gibt es noch einen negativen kleinen Abstand, der durch \! erzeugt wird. Der negative Abstand verkürzt den natürlichen Abstand zweier Zeichen.

\qquad $|\qquad|$
\quad $|\quad|$
\␣ $|\ |$
\; $|\;|$
\> $|\>|$
\, $|\,|$
$||$ (natürlicher Abstand)
\! $|\!|$

Bsp. 8.34: Abstände in Formeln

Das Beispiel zeigt die Abstände in der Reihenfolge \qquad, \quad, \␣, \;, \>, \,, natürlicher Abstand und \!.

Abstände, die genau so groß sind, wie eine bestimmte Formel, lassen sich mit Phantomen setzen. Es gibt drei Arten von Phantomen: Der Befehl \phantom nimmt den ganzen Platz seines Argumentes ein, der Befehl \vphantom nur die vertikale Ausdehnung und der Befehl \hphantom nur die horizontale Ausdehnung. Die Phantome funktionieren nicht nur in Formeln, sondern auch im Textmodus.

$x^{abc}{}_{\hphantom{abc}def}$	`$x^{abc}_{\hphantom{abc}def}$`	
$\left|\vphantom{\int}\right|$	`$\left|\vphantom{\int}\right|$`	
$\left|\right|$	`$\left|\phantom{\int}\right|$`	Bsp. 8.35: Phantome

Normalerweise ist die Angabe spezieller Abstände in Formeln nicht erforderlich. Einige Ausnahmen sind im Kapitel Feinheiten des Formelsatzes besprochen. Die großen Abstände `\quad` und `\qquad` sind geeignet, um mehrere Formeln nebeneinander anzuordnen.

$a=4 \qquad b=5$	`$ a=4 \qquad b=5$`	Bsp. 8.36: Nebeneinanderstehende Gleichungen
$x_1= +2, \quad x_2 = -2$	`$ x_1= +2, \quad x_2 = -2$`	

Kapitel 9

Höhere Mathematik

9.1 Matrizen und Determinanten

Matrizen werden mit Hilfe der `array`-Umgebung gesetzt. Diese ist nahe mit der `tabular`-Umgebung verwandt, nur ist diesmal der Inhalt der Tabelle mathematischer Natur.

Genau wie die `tabular`-Umgebung hat auch die `array`-Umgebung ein weiteres Argument, in welchem die Spalten deklariert werden. Diese Spaltendeklaration kann beim `array` nur die drei Möglichkeiten `r` (rechtsbündig), `l` (linksbündig) oder `c` (zentriert) haben. Senkrechte Striche und `@`-Argumente sind zulässig, aber nur selten sinnvoll einsetzbar.

Die Matrix selbst wird zeilenweise eingegeben. Genauso wie in Tabellen dient das Et-Zeichen als Spaltentrenner und der doppelte Rückwärtsschrägstrich als Zeilenende.

```
\begin{displaymath}
 \left(
  \begin{array}{ccc}
    a & b & c \\
    d & e & f \\
    g & h & i
  \end{array}
 \right)
\end{displaymath}
```

$$\left(\begin{array}{ccc} a & b & c \\ d & e & f \\ g & h & i \end{array}\right)$$

Bsp. 9.1: Eine Matrix

Die große Klammer um die Matrix wird durch die Befehle `\left(` und `\right)` außerhalb der `array`-Umgebung gesetzt. Es empfiehlt sich, die Eingabedatei übersichtlich zu formatieren, wie dies im obigen Beispiel geschehen ist.

`amsmath` Mit dem Paket `amsmath` ist die Eingabe von Matrizen und Determinanten noch einfacher. Die Spaltenbeschreibung fällt völlig weg, dafür sind bis zu 9 Spalten möglich, die alle zentriert sind. Die begrenzenden Klammern sind bereits in den Umgebungen des Paketes **amsmath** enthalten. Die Umgebung **matrix** erzeugt eine Matrix ohne Begrenzer, **pmatrix** eine Matrix in runden Klammern (*parentheses*), **bmatrix** eine Matrix in eckigen Klammern (*brackets*), **vmatrix** eine Matrix in einfachen senkrechten Strichen und **Vmatrix** eine Matrix in doppelten senkrechten Strichen.

$$\begin{matrix} a & b\\ c & d \end{matrix} \quad \begin{pmatrix} a & b\\ c & d \end{pmatrix} \quad \begin{bmatrix} a & b\\ c & d \end{bmatrix} \quad \begin{vmatrix} a & b\\ c & d \end{vmatrix} \quad \begin{Vmatrix} a & b\\ c & d \end{Vmatrix}$$

```
\begin{matrix}
 a & b\\
 c & d
\end{matrix}
\quad
\begin{pmatrix}
 a & b\\
 c & d
\end{pmatrix}
\quad
\begin{bmatrix}
 a & b\\
 c & d
\end{bmatrix}
\quad
\begin{vmatrix}
 a & b\\
 c & d
\end{vmatrix}
\quad
\begin{Vmatrix}
 a & b\\
 c & d
\end{Vmatrix}
```

Bsp. 9.2: Matrizen mit dem Paket **amsmath**

Für kleine Matrizen im laufenden Text hat das Paket **amsmath** zusätzlich die Umgebung **smallmatrix**. Sie bewirkt, dass der Zeilenabstand möglichst nicht gestört wird.

amsmath

Bsp. 9.3: Kleine Matrix

Das ist eine kleine, aber feine Matrix $\left(\begin{smallmatrix} a & b \\ c & d \end{smallmatrix}\right)$ mitten im laufenden Text.

```
Das ist eine kleine, aber
feine Matrix
$(\begin{smallmatrix}
   a & b \\
   c & d
  \end{smallmatrix})$
mitten im laufenden Text.
```

9.2 Gleichungssysteme

amsmath

Zum Satz von Gleichungssystemen gibt es im Paket amsmath die beiden Umgebungen align (mit Gleichungsnummern) und align* (ohne Gleichungsnummern). Zur Ausrichtung der Gleichungen dient ein Et-Zeichen (&), das vor dem Gleichheitszeichen eingefügt wird. Die Zeilen werden durch einen doppelten Rückwärtsschrägstrich (\\) abgeschlossen.

Bsp. 9.4: Gleichungssysteme

$$x + 3y = 9 \quad (9.1)$$
$$3x + 4y = 12 \quad (9.2)$$

```
\begin{align}
 x+3y &=  9 \\
3x+4y &= 12
\end{align}
```

Die Umgebung align kann auch zum Nebeneinandersetzen von Gleichungen benutzt werden. Hierzu fügt man an drei Stellen je ein Et-Zeichen ein: Vor dem Gleichheitszeichen der ersten Gleichung, zwischen den Gleichungen und vor dem Gleichheitszeichen der zweiten Gleichung.

Bsp. 9.5: Nebeneinanderstehende Gleichungen

$$x_1 = 1 \qquad x_2 = i$$
$$x_3 = -1 \qquad x_4 = -i$$

```
\begin{align*}
x_1 &= 1  & x_2 &= i\\
x_3 &= -1 & x_4 &= -i
\end{align*}
```

Die hier vorgestellte Umgebung align hat gegenüber der in LaTeX standardmäßig vorhandenen Umgebung eqnarray zwei wichtige Vorteile.

1. Die Abstände rechts und links vom Gleichheitszeichen stimmen mit denen in einfachen Gleichungen überein.

2. Sollte die Gleichung so lang sein, dass sie in die Gleichungsnummer hineinragt, gibt es eine Warnung am Terminal und in der Protokolldatei.

9.3 Zu lange Gleichungen

Überlange Gleichungen, die nicht in eine Zeile passen, lassen sich mit der Umgebung `split` aus dem Paket `amsmath` auf mehrere Zeilen verteilen. Da diese Aufgabe Einsicht in die Struktur der Gleichung voraussetzt, wird sie von TeX nicht automatisch ausgeführt. `amsmath`

Die Umgebung `split` wird innerhalb von `equation` (oder innerhalb von `displaymath`) eingesetzt. Genau wie bei der Umgebung `align` steht vor dem Gleichheitszeichen ein Et-Zeichen. Die Fortsetzungszeilen beginnen mit einem Et-Zeichen gefolgt von dem Befehl `\quad`, der einen Abstand anstelle des Gleichheitszeichens einfügt.

$$\begin{split} \sin x = x - \frac{x^3}{3!} + \frac{x^5}{5!} - {} \\ - \frac{x^7}{7!} + \cdots \end{split} \qquad (9.3)$$

```
\begin{equation}
  \begin{split}
  \sin x & =  x -\frac{x^{3}}{3!}
              +\frac{x^{5}}{5!} - {}\\
           &\quad -\frac{x^{7}}{7!} + \cdots
  \end{split}
\end{equation}
```

Bsp. 9.6: Umbruch einer langen Gleichung

Die Umgebung `split` kümmert sich automatisch um die Platzierung der Gleichungsnummer. Auch hier stimmen alle Abstände.

Das Paket `amsmath` kennt noch weitere Umgebungen zur Anordnung von Gleichungen, die in [Downes 2002] beschrieben sind. `amsmath`

9.4 Sätze und Beweise

Eine mathematische Arbeit wird oft durch Definitionen, Lemmata, Sätze und Korollare strukturiert. Umgebungen hierfür können in LaTeX mit dem Befehl `\newtheorem` vereinbart werden, der in der Präambel des Dokumentes stehen muss. Mit dem Befehl

```
\newtheorem{satz}{Satz}[chapter]
```

wird eine Umgebung `satz` definiert, die mit dem Text »Satz« gekennzeichnet wird und die kapitelweise nummeriert wird. Diese Umgebung wird wie im folgenden Beispiel angewendet.

Satz 9.1 (Satz des Pythagoras)
In einem rechtwinkligen Dreieck ist die Summe der Quadrate der Katheten gleich dem Quadrat der Hypotenuse.

```
\begin{satz}[Satz des Pythagoras]
In einem rechtwinkligen Dreieck ist
die Summe der Quadrate der Katheten
gleich dem Quadrat der Hypotenuse.
\end{satz}
```

Bsp. 9.7: Ein Satz

Die durch den Befehl `\newtheorem` definierte Umgebung `satz` hat ein optionales Argument, welches den Titel des Satzes enthalten kann.

Es ist möglich, mehrere Theoreme mit demselben Zähler zu versehen. Sollen zum Beispiel Definitionen und Lemmata mit demselben Zähler benutzt werden, so ist dies durch die Vereinbarung

```
\newtheorem{defi}{Definition}[chapter]
\newtheorem{lemma}[defi]{Lemma}
```

möglich. Lemmata benutzen den Zähler `defi`, der auch von den Definitionen benutzt wird.

Die Gestaltung der Theoreme kann mit Hilfe der Befehle `\theoremstyle` und `\theorembodyfont` variiert werden. In den folgenden Beispielen ist die Umgebung `satz` im Stil `plain` gesetzt, während die Umgebungen `defi` und `lemma` im Stil `change` gesetzt wurden, welcher die Nummer an den

Anfang der Zeile setzt. Außerdem wird im Text *verschiefte* Schrift anstelle von *kursiver* Schrift verwendet – dies ist die Voreinstellung von LaTeX. Der Befehl `\theoremsbodyfont` hat einen Schriftschalter als Argument und überschreibt die Voreinstellung. Er bleibt für alle nachfolgenden Theoremvereinbarungen aktiv.

Die Vereinbarung der drei hier gezeigten Theoreme lautet also vollständig:

```
\theoremstyle{plain}
\newtheorem{satz}{Satz}[chapter]
\theoremstyle{change}
\newtheorem{defi}{Definition}[chapter]
\theorembodyfont{\sffamily}
\newtheorem{lemma}[defi]{Lemma}
```

9.1 Definition *Ein Dreieck heißt rechtwinklig, wenn es einen rechten Winkel enthält. Die Seite, die dem rechten Winkel gegenüber liegt, heißt Hypotenuse, die beiden anderen Seiten heißen Katheten.*

9.2 Lemma In einem rechtwinkligen Dreieck ist die Hypotenuse die längste der drei Seiten.

```
\begin{defi}
Ein Dreieck hei"st rechtwinklig,
wenn es einen rechten Winkel
enth"alt. Die Seite, die dem rechten
Winkel gegen"uber liegt, hei"st
Hypotenuse, die beiden anderen
Seiten hei"sen Katheten.
\end{defi}

\begin{lemma}
In einem rechtwinkligen Dreieck
ist die Hypotenuse die l"angste
der drei Seiten.
\end{lemma}
```

Bsp. 9.8: Definition und Lemma

Das Paket `amsthm` erweitert die Gestaltungsmöglichkeiten von Theoremen noch einmal stark. Es enthält auch eine spezielle Umgebung `proof` für Beweise. Der Beweis wird mit einem kleinen Kästchen (□) abgeschlossen.

`amsthm`

9.5 $\mathcal{A}\mathcal{M}\mathcal{S}$-Symbole

Die *American Mathematical Society* ($\mathcal{A}\mathcal{M}\mathcal{S}$) gehört zu den größten Anwendern von LaTeX 2_ε. Für die Herstellung der Journale der $\mathcal{A}\mathcal{M}\mathcal{S}$ ist eine große Anzahl zusätzlicher Symbole erforderlich, die durch das Paket **amssymb** geladen werden.

amssymb

Zuerst gibt es vier Zeichen, die sowohl im mathematischen Modus als auch im Textmodus zur Verfügung stehen.

Tab. 9.1: $\mathcal{A}\mathcal{M}\mathcal{S}$-Symbole, die im Text und in Formeln gebraucht werden können

✓	\checkmark	✠	\maltese	®	\circledR	¥	\yen

In den $\mathcal{A}\mathcal{M}\mathcal{S}$-Symbolen sind vier neue Klammersymbole enthalten. In der englischsprachigen Literatur sind diese als »Quine Corners« bekannt.

Tab. 9.2: Quine Corners

$\ulcorner$	\ulcorner	$\llcorner$	\llcorner	$\urcorner$	\urcorner	$\lrcorner$	\lrcorner

Im Folgenden sind alle zweiwertigen Operatoren aus den $\mathcal{A}\mathcal{M}\mathcal{S}$-Symbolen aufgelistet.

Tab. 9.3: Zweiwertige Operatoren in den $\mathcal{A}\mathcal{M}\mathcal{S}$-Symbolen

$\Cup$	\Cup	$\centerdot$	\centerdot	$\divideontimes$	\divideontimes
$\Cap$	\Cap	$\intercal$	\intercal	$\smallsetminus$	\smallsetminus
$\ltimes$	\ltimes	$\curlyvee$	\curlyvee	$\leftthreetimes$	\leftthreetimes
$\rtimes$	\rtimes	$\curlywedge$	\curlywedge	$\rightthreetimes$	\rightthreetimes
$\dotplus$	\dotplus	$\circledast$	\circledast	$\circleddash$	\circleddash
$\boxdot$	\boxdot	$\boxminus$	\boxminus	$\circledcirc$	\circledcirc
$\boxplus$	\boxplus	$\boxtimes$	\boxtimes	$\doublebarwedge$	\doublebarwedge
$\veebar$	\veebar	$\barwedge$	\barwedge		

Weitaus die meisten $\mathcal{A}\mathcal{M}\mathcal{S}$-Symbole sind zusätzliche Relationen. Angeboten werden Varianten der bekannten Relationen wie $\leqq$ (\leqq) und $\leqslant$ (\leqslant) zu $\le$ (\le) sowie eine große Zahl neuer Relationen. Weiter sind fertige verneinte Relationen enthalten.

Die $\mathcal{A}\mathcal{M}\mathcal{S}$-Symbole enthalten eine Anzahl von Pfeilen, darunter auch kreisförmige Pfeile zur Angabe des Drehsinnes (\circlearrowleft $\circlearrowleft$ (gegen den Uhrzeigersinn) und \circlearrowright $\circlearrowright$ (im Uhrzeigersinn)). Ferner sind sechs fertig verneinte Pfeile vorhanden.

$\leqq$	`\leqq`	$\leqslant$	`\leqslant`	$\lessapprox$	`\lessapprox`
$\geqq$	`\geqq`	$\geqslant$	`\geqslant`	$\gtrapprox$	`\gtrapprox`
$\lll$	`\lll`	$\lesseqgtr$	`\lesseqgtr`	$\eqslantless$	`\eqslantless`
$\ggg$	`\ggg`	$\gtreqless$	`\gtreqless`	$\eqslantgtr$	`\eqslantgtr`
$\lesssim$	`\lesssim`	$\lesseqqgtr$	`\lesseqqgtr`	$\curlyeqprec$	`\curlyeqprec`
$\gtrsim$	`\gtrsim`	$\gtreqqless$	`\gtreqqless`	$\curlyeqsucc$	`\curlyeqsucc`
$\eqsim$	`\eqsim`	$\approxeq$	`\approxeq`	$\preccurlyeq$	`\preccurlyeq`
$\precsim$	`\precsim`	$\thicksim$	`\thicksim`	$\succcurlyeq$	`\succcurlyeq`
$\succsim$	`\succsim`	$\backsim$	`\backsim`	$\risingdotseq$	`\risingdotseq`
$\lessgtr$	`\lessgtr`	$\backsimeq$	`\backsimeq`	$\fallingdotseq$	`\fallingdotseq`
$\gtrless$	`\gtrless`	$\sqsubset$	`\sqsubset`	$\vartriangleleft$	`\vartriangleleft`
$\lessdot$	`\lessdot`	$\sqsupset$	`\sqsupset`	$\vartriangleright$	`\vartriangleright`
$\gtrdot$	`\gtrdot`	$\subseteqq$	`\subseteqq`	$\trianglelefteq$	`\trianglelefteq`
$\eqcirc$	`\eqcirc`	$\supseteqq$	`\supseteqq`	$\trianglerighteq$	`\trianglerighteq`
$\circeq$	`\circeq`	$\shortmid$	`\shortmid`	$\shortparallel$	`\shortparallel`
$\Subset$	`\Subset`	$\therefore$	`\therefore`	$\thickapprox$	`\thickapprox`
$\Supset$	`\Supset`	$\because$	`\because`	$\backepsilon$	`\backepsilon`
$\vDash$	`\vDash`	$\pitchfork$	`\pitchfork`	$\smallsmile$	`\smallsmile`
$\Vdash$	`\Vdash`	$\doteqdot$	`\doteqdot`	$\smallfrown$	`\smallfrown`
$\Vvdash$	`\Vvdash`	$\triangleq$	`\triangleq`	$\varpropto$	`\varpropto`
$\bumpeq$	`\bumpeq`	$\precapprox$	`\precapprox`	$\blacktriangleleft$	`\blacktriangleleft`
$\Bumpeq$	`\Bumpeq`	$\succapprox$	`\succapprox`	$\blacktriangleright$	`\blacktriangleright`
$\between$	`\between`				

Tab. 9.4: Relationen in den $\mathcal{AMS}$-Symbolen

$\nless$	\nless	$\nmid$	\nmid	$\nshortparallel$	\nshortparallel
$\ngtr$	\ngtr	$\nshortmid$	\nshortmid	$\precnapprox$	\precnapprox
$\nleq$	\nleq	$\nparallel$	\nparallel	$\succnapprox$	\succnapprox
$\ngeq$	\ngeq	$\lvertneqq$	\lvertneqq	$\ntriangleleft$	\ntriangleleft
$\nleqq$	\nleqq	$\gvertneqq$	\gvertneqq	$\ntriangleright$	\ntriangleright
$\ngeqq$	\ngeqq	$\nleqslant$	\nleqslant	$\ntrianglelefteq$	\ntrianglelefteq
$\lneq$	\lneq	$\ngeqslant$	\ngeqslant	$\ntrianglerighteq$	\ntrianglerighteq
$\gneq$	\gneq	$\lnapprox$	\lnapprox	$\nsubseteqq$	\nsubseteqq
$\lneqq$	\lneqq	$\gnapprox$	\gnapprox	$\nsupseteqq$	\nsupseteqq
$\gneqq$	\gneqq	$\precneqq$	\precneqq	$\subsetneqq$	\subsetneqq
$\nprec$	\nprec	$\succneqq$	\succneqq	$\supsetneqq$	\supsetneqq
$\nsucc$	\nsucc	$\precnsim$	\precnsim	$\varsubsetneq$	\varsubsetneq
$\lnsim$	\lnsim	$\succnsim$	\succnsim	$\varsupsetneq$	\varsupsetneq
$\gnsim$	\gnsim	$\nsubseteq$	\nsubseteq	$\varsubsetneqq$	\varsubsetneqq
$\nvdash$	\nvdash	$\nsupseteq$	\nsupseteq	$\varsupsetneqq$	\varsupsetneqq
$\nvDash$	\nvDash	$\subsetneq$	\subsetneq	$\npreceq$	\npreceq
$\nVdash$	\nVdash	$\supsetneq$	\supsetneq	$\nsucceq$	\nsucceq
$\nVDash$	\nVDash				

Tab. 9.5: Verneinte Relationen in den $\mathcal{AMS}$-Symbolen

$\leftleftarrows$	\leftleftarrows	$\rightrightarrows$	\rightrightarrows
$\leftrightarrows$	\leftrightarrows	$\rightleftarrows$	\rightleftarrows
$\Lleftarrow$	\Lleftarrow	$\Rrightarrow$	\Rrightarrow
$\twoheadleftarrow$	\twoheadleftarrow	$\twoheadrightarrow$	\twoheadrightarrow
$\leftarrowtail$	\leftarrowtail	$\rightarrowtail$	\rightarrowtail
$\looparrowleft$	\looparrowleft	$\looparrowright$	\looparrowright
$\leftrightharpoons$	\leftrightharpoons	$\rightleftharpoons$	\rightleftharpoons
$\curvearrowleft$	\curvearrowleft	$\curvearrowright$	\curvearrowright
$\circlearrowleft$	\circlearrowleft	$\circlearrowright$	\circlearrowright
$\Lsh$	\Lsh	$\Rsh$	\Rsh
$\upuparrows$	\upuparrows	$\downdownarrows$	\downdownarrows
$\upharpoonleft$	\upharpoonleft	$\upharpoonright$	\upharpoonright
$\downharpoonleft$	\downharpoonleft	$\downharpoonright$	\downharpoonright
$\multimap$	\multimap	$\rightsquigarrow$	\rightsquigarrow
$\dashleftarrow$	\dashleftarrow	$\dashrightarrow$	\dashrightarrow
$\leftrightsquigarrow$	\leftrightsquigarrow		
$\nleftarrow$	\nleftarrow	$\nrightarrow$	\nrightarrow
$\nLeftarrow$	\nLeftarrow	$\nRightarrow$	\nRightarrow
$\nleftrightarrow$	\nleftrightarrow	$\nLeftrightarrow$	\nLeftrightarrow

Tab. 9.6: Pfeile in den $\mathcal{AMS}$-Symbolen

Schließlich enthalten die AMS-Symbole noch eine Reihe vermischter Symbole, darunter zwei griechische und drei hebräische Buchstaben. Das Zeichen `\varnothing` eignet sich als Durchmesserzeichen $\varnothing$.

$\beth$	`\beth`	$\digamma$	`\digamma`	$\varnothing$	`\varnothing`
$\gimel$	`\gimel`	$\varkappa$	`\varkappa`	$\complement$	`\complement`
$\daleth$	`\daleth`	$\diagup$	`\diagup`	$\sphericalangle$	`\sphericalangle`
$\Bbbk$	`\Bbbk`	$\diagdown$	`\diagdown`	$\measuredangle$	`\measuredangle`
$\Finv$	`\Finv`	$\nexists$	`\nexists`	$\vartriangle$	`\vartriangle`
$\Game$	`\Game`	$\circledS$	`\circledS`	$\triangledown$	`\triangledown`
$\eth$	`\eth`	$\backprime$	`\backprime`	$\blacktriangle$	`\blacktriangle`
$\mho$	`\mho`	$\square$	`\square`	$\blacksquare$	`\blacksquare`
$\hbar$	`\hbar`	$\lozenge$	`\lozenge`	$\blacklozenge$	`\blacklozenge`
$\hslash$	`\hslash`	$\bigstar$	`\bigstar`	$\blacktriangledown$	`\blacktriangledown`
$\angle$	`\angle`				

Tab. 9.7: Vermischte Zeichen in den AMS-Symbolen

9.6 LaTeX-Symbole

LaTeX 2.09 kannte noch 11 zusätzliche mathematische Zeichen. Diese sogenannten LaTeX-Symbole sind mit LaTeX 2_ε in das Paket `latexsym` ausgelagert worden. Das heißt, dass dieses Paket mittels `\usepackage{latexsym}` in der Präambel geladen werden muss, um diese Zeichen zu erreichen. Die 11 LaTeX-Symbole sind in der Tabelle 9.9 aufgelistet.

`latexsym`

Die meisten LaTeX-Symbole sind mit anderem Namen auch in den AMS-Symbolen zu finden. Werden die AMS-Symbole sowieso gebraucht, sollte man auf die dort vorhandenen Äquivalente zurückgreifen. Dies spart mathematische Schriftfamilien, die in LaTeX eine begrenzte Ressource sind.

$\lll$	`\llless`	`\lll`
$\Cap$	`\doublecap`	`\Cap`
$\ggg$	`\gggtr`	`\ggg`
$\Cup$	`\doublecup`	`\Cup`
$\doteqdot$	`\doteqdot`	`\Doteq`
$\restriction$	`\restriction`	`\upharpoonright`

Tab. 9.8: Synonyme für AMS-Symbole

Tab. 9.9: LaTeX-Symbole

Zweiwertige Operatoren							
$\lhd$	\lhd	$\rhd$	\rhd	$\unlhd$	\unlhd	$\unrhd$	\unrhd
Relationen und Pfeile							
$\Join$	\Join	$\sqsubset$	\sqsubset	$\sqsupset$	\sqsupset	$\leadsto$	\leadsto
Vermischte Symbole							
$\mho$	\mho	$\Box$	\Box	$\Diamond$	\Diamond		

9.7 Mathematische Symbole aus den tc-Schriften

mathcomp

Mit dem Paket mathcomp von Tilmann Böß werden einige der Textsymbole und die Mediävalziffern auch als mathematische Symbole zur Verfügung gestellt. Die Zuordnungen lassen sich der folgenden Übersicht entnehmen.

Tab. 9.10: Textsymbole, die in mathematischen Formeln verwendet werden können

Ω	\tcohm	‰	\tcperthousand
µ	\tcmu	‱	\tcpertenthousand
℃	\tccentigrade	123	\tcdigitoldstyle{123}

9.8 Mengensymbole und weitere mathematische Alphabete

9.8.1 Mengensymbole

Die Symbole für die verschiedenen Zahlenmengen werden häufig durch Großbuchstaben mit einem zusätzlichen Strich dargestellt. Entstanden ist dies durch die Unmöglichkeit, fette Buchstaben mit Kreide an der Tafel darzustellen, was auch in dem englischen Namen *blackboard bold* für diese Symbole ausgedrückt wird.

amsfonts

Die AMS-Schriften, die durch das Paket amsfonts geladen werden, enthalten die Großbuchstaben von $\mathbb{A}$–$\mathbb{Z}$ sowie den Kleinbuchstaben $\Bbbk$. Die Verwendung der AMS-Mengensymbole stellt von den verschiedenen Möglichkeiten diejenige dar, die am besten portabel ist, da diese bei den meisten TeX-Installationen vorhanden sind. Dies ist bei Auslandsaufenthalten oder bei einer elektronischen Veröffentlichung zu bedenken.

$\mathbb{ABCXYZ}$	`$ \mathbb{ABCXYZ} $`	Bsp. 9.9: $\mathcal{AMS}$-Mengensymbole
$\Bbbk$	`$ \Bbbk $`	

Die bbold-Schriften von Alan Jeffrey enthalten eine andere Form der Mengensymbole. Das Paket `mathbbol`, das vom Autor dieses Buches geschrieben wurde, stellt sie zur Verfügung. Die bbold-Schriften enthalten ein komplettes Alphabet mit allen Groß- und Kleinbuchstaben, Ziffern sowie griechischen Buchstaben. Griechische Kleinbuchstaben werden durch die Option `bbgreekl` verfügbar gemacht. Die Option `cspex` bietet wachsende eckige Klammern mit doppeltem Strich.

`mathbbol`

$\mathbb{ABCdef\Phi\Psi12}$	`$ \mathbb{ABCdef\Phi\Psi12}$`	Bsp. 9.10: Mengensymbole aus den bbold-Schriften
$\bbalpha \ldots \bbomega$	`$ \bbalpha \ldots \bbomega $`	
$\Lbrack A+B \Rbrack$	`$ \Lbrack A+B \Rbrack $`	

Da die beiden Pakete `amsfonts` und `mathbbol` denselben Befehl `\mathbb` verwenden, kommt es bei Benutzung beider Pakete darauf an, in welcher Reihenfolge sie geladen werden. Das zuletzt geladene Paket entscheidet, welcher Stil der Mengensymbole tatsächlich verwendet wird.

`amsfonts`
`mathbbol`

Zu den hier vorgestellten zwei Möglichkeiten gibt es noch weitere Alternativen, die im Artikel von Gerd Neugebauer [Neugebauer 1996] besprochen werden. Neuere Entwicklungen sind in der *Comprehensive LaTeX Symbol List* von Scott Pakin [Pakin 2007] zu finden.

9.8.2 Fraktur

Mit dem Paket `eufrak` wird Fraktur als *mathematisches Alphabet* geladen. Die Buchstaben sind für den Satz von Formeln optimiert und eignen sich nicht als Textschrift. Die Frakturbuchstaben werden durch den Befehl `\mathfrak` geladen. Es gibt große und kleine Buchstaben (aber kein langes S) sowie Ziffern.

`eufrak`

9.8.3 Schreibschrift und kalligrafische Schrift

LaTeX enthält von vornherein ein kalligrafisches mathematisches Alphabet, das durch `\mathcal` geladen wird. An vielen Stellen wird jedoch anstelle des kalligrafischen Alphabets eine echte Schreibschrift gewünscht. Die rsfs-Schriften (*Ralph Smith's Formal Script*) erfüllen diesen Wunsch. Sie werden durch das Paket `mathrsfs` vom Autor dieses Buches geladen.

mathrsfs

eufrak: $\mathfrak{ABCdef12}$
LaTeX: $\mathcal{ABCXYZ}$
mathrsfs: $\mathscr{ABCXYZ}$
euscript: $\mathcal{ABCXYZ}$

```
eufrak: $ \mathfrak{ABCdef12} $
\LaTeX: $ \mathcal{ABCXYZ}$
mathrsfs: $ \mathscr{ABCXYZ} $
euscript: $ \EuScript{ABCXYZ} $
```

Bsp. 9.11: Fraktur, kalligrafische Schrift und Schreibschrift

euscript

Eine anders gezeichnete kalligrafische Schrift wird durch das Paket `euscript` zur Verfügung gestellt. Sie wird durch den Befehl `\EuScript` dargestellt. Von den kalligrafischen Schriften und der Schreibschrift gibt es nur die Großbuchstaben.

Die in diesem Kapitel vorgestellten Symbole und mathematischen Alphabete dürften für »Normalverbraucher« mehr als ausreichend sein. Für ausgefallenere Wünsche gibt es aber weitaus mehr. Insgesamt 4948 verschiedene Symbole sind in der *Comprehensive LaTeX Symbol List* von Scott Pakin [Pakin 2007] aufgeführt.

Kapitel 10

Feinheiten im Formelsatz

10.1 Leicht verwechselbare Zeichen

In der Handschrift können manche sich ähnlich sehende Zeichen leicht verwechselt werden. In TEX lassen sich die Einzelzeichen präzise beschreiben. Im folgenden sind einige der leicht verwechselbaren Zeichen in typischen Anwendungen vorgestellt.

Der Buchstabe O ist in den Standardschriften von LATEX so gestaltet, dass er nicht mit der Ziffer 0 verwechselt werden kann. Die Ziffer 0 darf nicht durch ein kleines O ersetzt werden. Weiterhin gibt es das Verkettungszeichen $\circ$, das durch den Befehl `\circ` erzeugt wird. Dieses Zeichen dient hochgestellt als Gradzeichen. Ein neutrales Pion π^0, ausgesprochen »Pi-Null«, hat dagegen eine hochgestellte Ziffer 0.

Die skandinavischen Buchstaben Ø und ø (`\O` und `\o`) sind vom Zeichen für die leere Menge $\emptyset$ (`\emptyset`) verschieden. Das Durchmesserzeichen $\varnothing$ wird am besten durch den Befehl `\varnothing` aus dem Paket `amssymb` dargestellt. Das große und das kleine griechische Phi Φ, ϕ und φ, dargestellt durch die Befehle `\Phi`, `\phi` und `\varphi`, unterscheiden sich von den davor genannten Zeichen.

`amssymb`

$SO(10), so(10)$	`$SO(10), so(10)$`
$f\circ g(0)$	`$f\circ g(0)$`
$\phi=360^{\circ},\ \pi^0$	`$\phi=360^{\circ},\ \pi^0$`
$\varnothing = 2\,\mathrm{m}$	`$\varnothing = 2\,\mathrm{m}$`
$\Phi=\emptyset$	`$\Phi=\emptyset$`

Bsp. 10.1: Leicht verwechselbare Zeichen (1)

Das kleine L lässt sich in Formeln gut von der Ziffer 1 unterscheiden ($l \neq 1$). Nur in Ausnahmefällen sollte das Schreibschrift-L ℓ verwendet werden, das durch den Befehl `\ell` erzeugt wird. In manchen Bereichen der Mathematik hat das Schreibschrift-L inzwischen eine eigene, vom Buchstabensymbol l losgelöste Bedeutung erlangt.

Der Buchstabe U unterscheidet sich vom Zeichen für die Vereinigung von Mengen $\cup$ (`\cup`). Der Buchstabe V unterscheidet sich vom Zeichen für das logische Oder ($\vee$). Das kleine V ist in mathematischen Formeln stets rund v, damit es vom kleinen griechischen Ny ν (`\nu`) unterschieden werden kann. Das kleine griechische Ypsilon υ (`\upsilon`) sieht dem kleinen V v in der Tat zum Verwechseln ähnlich und wird deshalb in der Mathematik und den Naturwissenschaften praktisch nicht benutzt. Das kleine W w unterscheidet sich vom kleinen griechischen Omega ω.

Das Zeichen für das Kreuzprodukt $\times$ (`\times` im mathematischen Modus bzw. `\texttimes` im Textmodus) ist vom Buchstaben X sowie vom kleinen griechischen Buchstaben Chi χ (`\chi`) zu unterscheiden.

Das kleine griechische Epsilon ϵ bzw. ε (`\epsilon` bzw. `\varepsilon`) unterscheidet sich von der Element-Relation $\in$ (`\in`).

Bsp. 10.2: Leicht verwechselbare Zeichen (2)

$l \neq 1$	`$ l\neq 1$`
$U \cup V = W$	`$ U\cup V=W $`
$V \vee U = A \wedge B$	`$ V \lor U = A \land B $`
$v = \lambda\nu$	`$ v=\lambda\nu $`
$z = x \times y$	`$ z=x\times y $`
$\epsilon \in \mathbf{R}$	`$ \epsilon\in\mathbf{R} $`

10.2 Schriftarten in Formeln

Nicht alle Formelsymbole werden aus der normalen Kursiv gesetzt. Für manche Elemente in Formeln ist steile Schrift zwingend vorgeschrieben, für andere Symbole kann sie je nach Fachgebiet und Stil erwünscht sein. Andere Schriftarten werden seltener gefordert.

Immer steil gesetzt werden:

- Die Namen mathematischer Funktionen wie sin, log etc. Hierfür hat LaTeX fertige Befehle, die in Abschnitt 8.7.2 auf Seite 97 vorgestellt werden.

- Die Symbole für chemische Elemente sowie Elementarteilchen in der Physik. Das Ypsilon-Teilchen wird mit dem griechischen Ypsilonsymbol `\Upsilon` (Υ) bezeichnet, das sich von einem lateinischen Y unterscheidet.

- Die physikalischen Maßeinheiten, z. B. km/h, W, Nm. Zwischen die Zahl und das Einheitensymbol sollte ein kleiner Zwischenraum (`\,`) gesetzt werden. Das Paket `units` von Axel Reichert hat hierfür fertige Befehle.

`units`

- Die Notation spektroskopischer Zustände in der Physik, wie $\mathrm{1s}^1$.

- Die Symbole für quantenmechanische Operatoren (im Gegensatz zu ihren Erwartungswerten).

$\tan x:=\sin x/\cos x$	`$ \tan x:=\sin x/\cos x $`
${}^{14}_{\ 7}\mathrm{N}+{}^4_2\mathrm{He} \to {}^{17}_{\ 8}\mathrm{O}+{}^{1}_{1}\mathrm{p}$	`$ {}^{14}_{\ 7}\mathrm{N}+ {}^4_2\mathrm{He} \to {}^{17}_{\ 8}\mathrm{O}+ {}^{1}_{1}\mathrm{p} $`
$100\,\mathrm{km/h}$	`$ 100\,\mathrm{km/h} $`
$36\,{}^\circ\mathrm{C}$	`$ 36\,{}^\circ\mathrm{C} $`
$\mathrm{1s}^1$	`$ \mathrm{1s}^1 $`
$[\mathrm{p,q}]=\mathrm{i}\hbar$	`$ [\mathrm{p,q}]=\ie\hbar $`

Bsp. 10.3: Steiler Satz in Formeln

Je nach Stilempfinden steil gesetzt werden:

- Das Zeichen für Differentiale (also $\mathrm{d}x$).

- Die Zeichen für die speziellen Zahlen $\mathrm{e} = \exp 1$ und $\mathrm{i} = \sqrt{-1}$.

Es empfiehlt sich, für die stilabhängigen Zeichen eigene Befehle zu definieren, so dass der Stil notfalls durch eine kleine Änderung in der Präambel des Dokumentes umgestellt werden kann.

Diese Definitionen ergeben steile Zeichen:

```
\newcommand*\de{\mathrm{d}}
\newcommand*\ee{\mathrm{e}}
\newcommand*\ie{\mathrm{i}}
```

Die folgenden Definitionen ergeben mathematische Kursive:

Bsp. 10.4: Definitionen für d, e und i

```
\newcommand*\de{\ensuremath{d}}
\newcommand*\ee{\ensuremath{e}}
\newcommand*\ie{\ensuremath{i}}
```

Vektoren werden in der Physik oft durch fette Kursive gekennzeichnet. Vektoroperatoren in der Quantenmechanik werden konsequenterweise in steiler Fettschrift gesetzt. Um fette mathematische Kursive zu erhalten, ist die Benutzung des Paketes `bm` erforderlich, welches den Befehl `\boldsymbol` bereitstellt. Die steile Fettschrift lässt sich einfach durch den Befehl `\mathbf` erreichen, hierzu ist kein zusätzliches Paket notwendig.

bm

Für Tensoren wird manchmal fette, serifenlose Schrift gefordert – in der Praxis wird diese Forderung jedoch selten umgesetzt, da der Tensorcharakter einer Größe durch den Kontext meistens klar ist. Der gewünschte Effekt lässt sich durch die Kombination der Befehle `\boldsymbol` und `\mathsf` erreichen.

Bsp. 10.5: Fette Zeichen in Formeln

$W = \boldsymbol{Fr}$

$\langle\mathbf{p}\rangle = \boldsymbol{p}$

$\boldsymbol{\mathsf{F}}^{\mu\nu}$

```
$ W=\boldsymbol{Fr} $
$ \langle\mathbf{p}\rangle =
  \boldsymbol{p} $
$\boldsymbol{\mathsf{F}}
        ^{\mu\nu}$
```

10.3 Texte in Formeln

Oft bleiben in Formeln noch kleine Textstücke übrig, z. B. floskelartige Wendungen wie »für alle«. Diese Textstücke werden mit dem Befehl \text aus dem Paket amstext gesetzt. Innerhalb des Befehls gelten die üblichen Regeln des Textmodus. Das heißt insbesondere, dass LaTeX Leerzeichen beachtet. Im Text kann wiederum in den mathematischen Modus umgeschaltet werden.

amstext

Ebenfalls als Textstücke werden Abkürzungen aus der Umgangssprache, die sich in Formeln eingeschlichen haben, oder ganze Wörter gesetzt. Bezeichnet etwa E_{therm} die thermische und E_{el} die elektrische Energie, so sind »therm« und »el« solche Abkürzungen.

$f(n) =$
0 falls n gerade

E_{therm}

$\text{Rendite} = \frac{\text{Gewinn}}{\text{Kapital}}$

```
$f(n)=0\text{ falls
   $n$ gerade}$
$ E_{\text{therm}} $
$ \text{Rendite}=
   \frac{\text{Gewinn}}
        {\text{Kapital}} $
```

Bsp. 10.6: Text in Formeln

10.4 Manuelle Korrekturen

10.4.1 Hoch- und Tiefstellungen

Tiefgestellte Großbuchstaben sehen unklar aus, wenn das Bezugssymbol eine Unterlänge, aber keine Oberlänge hat. In diesem Fall sollten die Großbuchstaben weiter verkleinert werden. Hierzu gibt es zwei Möglichkeiten. Ist der Großbuchstabe eine Abkürzung für Text, beispielsweise für das Wort *axial* bei der axialen Kopplungskonstanten $g_{\textsc{a}}$, empfiehlt es sich, statt des Großbuchstabens ein Kapitälchen zu setzen. Ansonsten lässt sich der Großbuchstabe durch den Befehl \scriptscriptstyle auf die Größe, die ein tiefgestelltes Zeichen zweiter Ordnung hätte, verkleinern.

Der Befehl \scriptstyle erzeugt ein Zeichen von derselben Größe, die hoch- oder tiefgestellte Zeichen haben. Dieser Befehl komplettiert die Reihe der Befehle \displaystyle, \textstyle, \scriptstyle und \scriptscriptstyle.

Bsp. 10.7: Tiefgestellte Großbuchstaben

g_A, g_V	`$ g_A, g_V $`
$g_{\text{a}}, g_{\text{v}}$	`$ g_{\text{\textsc{a}}}, g_{\text{\textsc{v}}} $`
$g_{\scriptscriptstyle A}, g_{\scriptscriptstyle V}$	`$ g_{\scriptscriptstyle A}, g_{\scriptscriptstyle V}$`

Bei einer Folge von Symbolen mit Hoch- und Tiefstellungen kann es dazu kommen, dass die Indices nicht auf derselben Höhe stehen. Dies tritt besonders dann auf, wenn ein doppelt indiziertes Symbol und ein einfach indiziertes Symbol nebeneinander stehen. In diesem Fall hilft ein »leerer Index«, also eine hoch- oder tiefgestellte leere Gruppe.

Bsp. 10.8: Aufeinanderfolgende Hoch- und Tiefstellungen

$a^1_2 b_3$	`$a^1_2 b_3$`
$a^1_2 b^{}_3$	`$a^1_2 b^{}_3$`

10.4.2 Wurzeln

TEX passt die Größe des Wurzelzeichens automatisch an den Radikanden an. Dies führt in den meisten Fällen zum gewünschten Resultat, allerdings können sich durch ungleich große Radikanden manchmal störende Unterschiede ergeben, wie im Beispiel: $\sqrt{a} + \sqrt{d} + \sqrt{g}$. Diese Anomalie lässt sich durch das Einfügen des Befehls `\mathstrut` in den Wurzeln beheben.

Bsp. 10.9: Manuelle Korrekturen bei Wurzeln

$\sqrt{a}+\sqrt{d}+\sqrt{g}$	`$\sqrt{a}+\sqrt{d}+\sqrt{g}$`
$\sqrt{\mathstrut a}+\sqrt{\mathstrut d}+\sqrt{\mathstrut g}$	`$\sqrt{\mathstrut a}+ \sqrt{\mathstrut d}+ \sqrt{\mathstrut g}$`
$\sqrt{\ln x}\ \sqrt{\,\ln x}$	`$\sqrt{\ln x}\ \sqrt{\,\ln x}$`
$\sqrt{5}x\ \sqrt{5}\,x$	`$\sqrt{5}x\ \sqrt{5}\,x$`

Wenn das erste Zeichen des Radikanden ausnahmsweise ein hoher, steiler Buchstabe ist (z. B. ein »h« oder ein »l«), dann stößt dieser optisch an das Wurzelzeichen an. In diesem

Fall sollte ein kleiner Abstand mit dem Befehl `\,` eingefügt werden.

Ist die Wurzel der Vorfaktor einer Variablen, so sieht das Resultat mit einem manuell eingefügten kleinen Zwischenraum (`\,`) besser aus und ist leichter lesbar.

10.4.3 Integrale und Differentiale

Vor dem Maß eines Integrales ist es oft sinnvoll, einen kleinen Zwischenraum mit dem Befehl `\,` einzufügen, um es vom Integranden abzutrennen. Das gleiche gilt für Differentiale in Differentialgleichungen.

$\int ax\,dx$	`$ \int ax\,dx $`
$a\,dx - b\,dy$	`$ a\,dx - b\,dy $`
$\int\!\!\!\int f(x,y)\,dx\,dy$	`$ \int\!\!\!\int f(x,y)\,dx\,dy $`

Bsp. 10.10: Manuelle Korrekturen bei Integralen und Differentialen

Mehrfache Integralzeichen stehen normalerweise zu weit auseinander, diese können durch die Anwendung des Befehls `\!` näher aneinander gerückt werden. Im Paket `amsmath` sind fertige Mehrfachintegrale durch die Befehle `\iint` (Doppelintegral), `\iiint` (Dreifachintegral) und `\iiiint` (Vierfachintegral) erhältlich.

`amsmath`

10.4.4 Beträge und Normen

Die Zeichen | und \| können sowohl als linke als auch als rechte »Klammern« auftreten. Da TEX die richtige Zuordnung nicht automatisch vornehmen kann, können Formeln mit Beträgen manchmal unübersichtlich erscheinen. Durch das Einfügen von `\left` und `\right` werden klare Verhältnisse geschaffen.

Bsp. 10.11: Manuelle Korrektur bei Beträgen

Unklar: $\| + x\| = \| - x\|$	`Unklar: $ |+x|=|-x| $`
Gut: $\left\|+x\right\| = \left\|-x\right\|$	`Gut: $ \left|+x\right|= \left|-x\right| $`
amsmath: $\lvert+x\rvert = \lvert-x\rvert$	`amsmath: $ \lvert+x\rvert= \lvert-x\rvert $`

amsmath

Mit dem Paket `amsmath` stehen für die linken und rechten Betragsstriche und Normen eigene Befehle zur Verfügung. Hierbei stehen `\lvert` und `\lVert` auf der linken Seite der Formel und `\rvert` und `\rVert` auf der rechten Seite. Diese Normen haben feste Größe und wachsen nicht automatisch.

Tab. 10.1: Betragsstriche und Normen im Paket `amsmath`

$\lvert$	`\lvert`	$\lVert$	`\lVert`	$\rvert$	`\rvert`	$\rVert$	`\rVert`

10.4.5 Zuweisungen

Tab. 10.2: Relationen mit Doppelpunkten im Paket `colonequals`

$:$	`\ratio`	$::$	`\coloncolon`
$:=$	`\colonequals`	$::=$	`\coloncolonequals`
$=:$	`\equalscolon`	$=::$	`\euqalscoloncolon`
$:-$	`\colonminus`	$::-$	`\coloncolonminus`
$-:$	`\minuscolon`	$-::$	`\minuscoloncolon`
$:\approx$	`\colonapprox`	$::\approx$	`\coloncolonapprox`
$\approx:$	`\approxcolon`	$\approx::$	`\approxcoloncolon`
$:\sim$	`\colonsim`	$::\sim$	`\coloncolonsim`
$\sim:$	`\simcolon`	$\sim::$	`\simcoloncolon`

colonequals

In vielen Computersprachen, z. B. in Pascal, wird der Operator $:=$ für die Zuweisung verwendet. Leider passt die Höhe des Doppelpunkts oft nicht zur Ausrichtung des Gleichheitszeichens; vor allem bei großer Schrift fällt dies unangenehm auf. Abhilfe schafft hier das Paket `colonequals` von Heiko Oberdiek.

Bsp. 10.12: Zuweisungen

$:=$	`{\Large $:=$} \\`
$\coloneqq$	`{\Large $\colonequals$}`

colonequals

Das Paket `colonequals` enhält noch eine Reihe weiterer Relationen, eine vollständige Liste enthält die Tabelle 10.2.

Kapitel 11

Planung eines LaTeX-Projektes

In diesem Kapitel werden Techniken und Tipps bei der Planung eines umfangreicheren Werkes mit LaTeX 2_ε beschrieben. Es gibt Tipps zur Auswahl einer geeigneten Klasse mit Hinweisen auf Alternativen zu den Standardklassen. Der Text lässt sich auf mehrere Dateien verteilen, so dass immer nur ein Kapitel, das gerade in Arbeit ist, übersetzt wird. Schließlich lässt sich LaTeX 2_ε um eigene, selbstdefinierte Befehle und Umgebungen erweitern.

11.1 Die Auswahl einer geeigneten Klasse

Die Auswahl der geeigneten Klasse hängt von der Länge des Textes, den örtlichen Anforderungen und seiner weiteren Verwendung ab. Bei einer Länge von bis zu etwa einem Dutzend Seiten empfiehlt sich die Klasse `article` oder eine ihr verwandte Klasse, bei längeren Werken die Klassen `report` oder `book`. Wegen der besseren Gestaltungsmöglichkeiten durch die Befehle `\frontmatter`, `\mainmatter` und `\backmatter` ist die Klasse `book` für eine Diplom-, Magister- oder Doktorarbeit meistens die Klasse der Wahl.

article

report
book

Die örtliche Prüfungsordnung kann Anforderungen an die Form einer Examensarbeit stellen. Derartige Anforderungen kommen oft noch aus dem Schreibmaschinenzeitalter und berücksichtigen nicht die Möglichkeiten eines Computersatzsystems. Dennoch ist ihre Einhaltung erforderlich.

Einige Anpassungen lassen sich recht leicht vornehmen. »Anderthalbzeiliger« Zeilenabstand wird durch den Befehl `\linespread{1.3}` erreicht, »doppelzeiliger« Zeilenabstand durch `\linespread{1.6}`. Damit der Befehl `\linespread` wirksam wird, muss ein Schriftwahlbefehl, etwa `\normalsize`, folgen.

Dies ist ein Stück

Blindtext, der in

doppelzeiligem

Zeilenabstand

gesetzt ist.

```
\linespread{1.6}\normalsize
Dies ist ein St"uck Blindtext,
der in doppelzeiligem
Zeilenabstand gesetzt ist.
```

Bsp. 11.1: »Doppelzeiliger« Zeilenabstand

Gibt es weitergehende Anforderungen, kann es notwendig sein, eine besondere Dokumentenklasse zu benutzen, die diesen Anforderungen gerecht wird. Solche Hausstile sind an vielen Universitäten bereits vorhanden. Im Zweifelsfall hilft eine Nachfrage bei anderen Examenskandidaten oder im Rechenzentrum.

Wird eine Publikation der Arbeit in einer Fachzeitschrift oder in einem Verlag angestrebt, empfiehlt es sich, die hauseigenen Klassen des Verlages anzufordern und zu benutzen. Zu den Verlagen, die eigene Hausklassen anbieten, gehören unter anderem Oldenbourg, Elsevier (`elsart`), Spektrum akademischer Verlag (`spektrum`), der Springer-Verlag (viele Pakete für verschiedene Zwecke) und das American Institute of Physics (`revtex`). Einige Fachzeitschriften, wie *The Physical Review*, bieten bei Benutzung ihrer eigenen Klassen Rabatte bei den Publikationskosten. Für Mathematiker sind die Klassen `amsart` und `amsbook` von der *American Mathematical Society* (AMS) besonders interessant.

elsart
spektrum
revtex
amsart
amsbook

Eine interessante Alternative zu den Standardklassen stellen die Klassen `scrartcl` (entspricht `article`), `scrreprt` (entspricht `report`), `scrbook` (entpricht `book`) und `scrlttr2` (entspricht `letter`) aus dem Bündel `koma-script` dar. Das Bündel `koma-script` wird von Markus Kohm gepflegt und weiterentwickelt. Es entstand aus dem älteren Bündel `script` von Frank Neukam, dessen offizieller Nachfolger es ist. Alle Befehle der Standardklassen funktionieren auch in den Klassen des Bündels `koma-script`. Hinzu kommen viele Erweiterungen und Konfigurationsmöglichkeiten, die in den Originalklassen fehlen. Einige der zusätzlichen Möglichkeiten sind im folgenden Abschnitt beschrieben.

scrartcl
scrreprt
scrbook
scrlttr2
koma-script
script

Eine andere Alternative sind die Klassen aus dem Bündel ntgclass von der *Nederlandstalige TEX Gebruikersgroep.* Dieses Bündel enthält 3 Artikelklassen (artikel1, artikel2 und artikel3), sowie je 2 Report- und Buchklassen (rapport und rapport3 sowie boek und boek3).

ntgclass
artikel1
artikel2
artikel3
rapport
rapport3
boek
boek3

11.2 Einige Erweiterungen aus dem Bündel koma-script

11.2.1 Satzspiegel

Der Satzspiegel in den Klassen aus dem koma-script-Bündel folgt einer traditionellen, aus dem Mittelalter übernommenen Konstruktion. Nach dieser Konstruktion ist der untere Seitenrand doppelt so groß wie der obere und der äußere Rand doppelt so groß wie der innere. Die vom Text bedeckte Fläche hat dieselben Proportionen wie die ganze Seite; und alle Proportionen sind einfach und ganzzahlig.

koma-script

Zur Konstruktion eines solchen Satzspiegels teilt man die Seite in $n \times n$ gleiche Rechtecke ein. Eine waagrechte Reihe bildet den oberen Rand, zwei waagrechte Reihen bilden den unteren Rand; genauso bilden zwei senkrechte Spalten den äußeren und eine Spalte den inneren Rand. Die übrig bleibenden Rechtecke bilden den Textbereich. Je größer die Anzahl der Rechtecke ist, desto größer ist der Textbereich und desto kleiner ist der Rand.

Das Paket typearea aus dem Bündel koma-script unterstützt diese Konstruktion des Satzspiegels, wobei die Zahl n, die Anzahl der Rechtecke pro Reihe und Spalte, wählbar ist. Dazu wird das Paket typearea mit der Option DIVn eingebunden. Wird die Option DIVn weggelassen, so benutzt das Paket typearea eine Zahl, die vom Papierformat und von der Schriftgröße abhängt.

typearea
koma-script

Der sichtbare Teil einer Seite wird durch die Bindung verkleinert, da ein Stück des Papiers im Bindefalz steckt. Um den Satzspiegel hieran anzupassen hat das Paket typearea die Option BCOR*län*, mit der die Bindekorrektur angegeben wird. Die Bindekorrektur *län* ist ein Längenmaß und besteht aus einer Zahlenangabe und einer Maßeinheit.

typearea

typearea

Werden für die Seitenaufteilung 9×9 Rechtecke zugrundegelegt und wird eine Bindekorrektur von 7,5 mm gebraucht, so ist die dazu passende Einbindung von `typearea`

```
\usepackage[DIV9,BCOR7.5mm]{typearea}
```

11.2.2 Voreinstellungen

scrartcl
scrreprt
scrbook
scrlttr2
typearea

Die Klassen `scrartcl`, `scrreprt`, `scrbook` und `scrlttr2` benutzen intern das Paket `typearea`. Das bedeutet, dass dieses Paket nicht noch einmal geladen werden muss und dass die Optionen `DIV`*n* und `BCOR`*län* zu Optionen der jeweiligen Klassen werden.

Abweichend von den Standardklassen sind die Voreinstellungen für Schriftgröße und Papierformat; hier sind `11pt` und `a4paper` eingestellt.

Weitere Details lassen sich dem Artikel von Markus Kohm in der TeXnischen Kommödie [Kohm 1996], der Heimseite `www.koma-script.de` und der ausführlichen Dokumentation des Bündels entnehmen.

11.3 Die Aufteilung des Textes auf mehrere Dateien

Bei einer längeren Arbeit empfiehlt es sich, diese auf mehrere Dateien aufzuteilen. Dies verbessert die Übersicht und ermöglicht ein effizienteres Arbeiten.

Mit dem Befehl `\include` wird eine Datei, die einen Teil eines Dokumentes enthält, eingelesen. Der Befehl `\include` hat zudem noch die folgenden (zumeist erwünschten) Nebenwirkungen: Er beginnt stets eine neue Seite, und alle noch nicht platzierten Abbildungen und Tabellen werden gedruckt.

```
\chapter{Zweites Kapitel}
...
\endinput
```

Bsp. 11.2: Aufbau einer Teildatei

Die Eingabedateien haben die Endung `.tex` und tragen keinerlei Vorspann. Sie sollten mit dem Befehl `\endinput` beendet werden. Dieser Befehl bewirkt, dass alles, was hinter ihm steht, ignoriert wird. Dies gilt insbesondere auch für das Zeichen ^Z (Steuerung-Z), welches von DOS ans Dateiende angefügt wird und bei der Übertragung auf einen anderen Rechner gerne stehen bleibt. Je nach Kodierung der Schrift würde dieses dann als ein æ oder ȷ gedruckt, oder es ergibt eine Fehlermeldung.

Um nur ein einzelnes Kapitel zu bearbeiten, wird es mit dem Befehl \includeonly ausgewählt. Dieser Befehl muss in der Präambel des Dokumentes stehen. Er bewirkt nicht nur, dass die anderen Kapitel nicht übersetzt werden, sondern auch, dass Seitenzahlen, Nummern und Querverweise weiterhin stimmen. Dazu werden die zu den anderen Kapiteln gehörigen Hilfsdateien (Endung .aux) ausgewertet.

```
\documentclass[11pt,a4paper]{book}
\usepackage{ngerman}
\includeonly{kapitel2}
\begin{document}
\frontmatter
\tableofcontents
\include{vorwort}
\mainmatter
\include{kapitel1}
\include{kapitel2}
\include{kapitel3}
...
\end{document}
```

In diesem Beispiel ist der Inhalt der Arbeit auf Dateien kapitel1.tex usw. verteilt. Gerade wird kapitel2.tex bearbeitet und als einziges bei einem LaTeX-Lauf übersetzt.

Bsp. 11.3: Arbeiten mit \include und \includeonly

11.4 Portabilität

Die große Portabilität von Dokumenten gehört zu den unbestrittenen Vorteilen von LaTeX. Wenn die Portabilität eines

Dokumentes wichtig ist, sollten dennoch einige Regeln beachtet werden.

ngerman

- Auf die Verwendung von Umlauten in der rechnerabhängigen Kodierung sollte verzichtet werden, stattdessen sollten die Standard-LaTeX-Befehle oder die Befehle des Paketes `ngerman` benutzt werden.
- Es sollten so wenig zusätzliche Pakete wie möglich benutzt werden. Gegebenenfalls müssen die Zusatzpakete mit dem Dokument weitergegeben werden. Hierzu bietet sich die Umgebung `filecontents` an.
- Es sollten möglichst keine außergewöhnlichen Schriften benutzt werden. Keine Probleme gibt es mit den LaTeX-Standardschriften, den Textsymbolen, den $\mathcal{AMS}$-Schriften für die Mathematik sowie den 35 Standard-PostScript-Schriften. Andere Schriften müssen bei Bedarf nachinstalliert werden.

11.4.1 Das Ersetzen der Umlaute

GNU recode

Der Verzicht auf Umlaute bei der Übertragung bedeutet aber nicht zwangsläufig, auch auf die Eingabe von Umlauten über die Tastatur zu verzichten. Nur sollten diese im fertigen Dokument ersetzt werden. Dies kann im Editor geschehen, oder mit Hilfe des Programms GNU recode. GNU recode ist freie Software unter der GNU-Lizenz und kann viele Kodierungen ineinander umwandeln. Es kennt auch eine Kodierung »tex« mit den LaTeX-Befehlen für die Umlaute und das scharfe S. Eine Befehlszeile sieht so aus:

```
recode -d latin1..tex meinwerk.tex
```

Der Schalter `-d` ist notwendig, damit die ASCII-Zeichen nicht ebenfalls umkodiert werden. Die beiden Kodierungen sind durch zwei Punkte voneinander getrennt, vor den beiden Punkten steht die Startkodierung, dahinter die Zielkodierung. Wird GNU recode wie oben mit einem Dateinamen aufgerufen, so wird die Originaldatei überschrieben. Man kann es auch als Filter aufrufen:

```
cat text_uml.tex | recode -d latin1..tex >text_asc.tex
```

11.4.2 Dateien in einem Dokument einpacken

Die Umgebung `filecontents` erlaubt es, beliebige Textdateien in einer LaTeX-Datei unterzubringen. LaTeX 2_ε prüft zunächst, ob eine Datei des gewünschten Namens schon existiert. Wenn nicht, wird der Inhalt von `filecontents` in eine Datei geschrieben.

```
\begin{filecontents}{jkmacros.sty}
\newcommand*\de{\mathrm{d}} % d im Differential
\newcommand*\ee{\mathrm{e}} % e = exp 1
\newcommand*\ie{\mathrm{i}} % i = sqrt -1
\end{filecontents}
\documentclass{book}
\usepackage{jkmacros}
...
```

Bsp. 11.4: Die Umgebung `filecontents`

Die Umgebung `filecontents` steht *ganz am Anfang* der Eingabedatei, noch vor dem Befehl `\documentclass`.

11.5 Elektronisches Publizieren

LaTeX-Dokumente bieten sich auch zur elektronischen Veröffentlichung im www (*World Wide Web*) an. In Frage kommt eine Bereitstellung als LaTeX-Quelldatei, als `dvi`-Datei oder in PostScript- und pdf-Form. Vorabdrucke wissenschaftlicher Arbeiten aus den Gebieten Physik, Informatik, Mathematik, *Nonlinear Sciences* und Quantitative Biologie sind in allen genannten Formaten auf den Servern

`http://arxiv.org` (Los Alamos) und
`http://de.arxiv.org` (deutscher Spiegel von arXiv)

erhältlich. Kurzfassungen der dort archivierten Arbeiten werden über verschiedene, nach Fachrichtungen gegliederte Mailinglisten verteilt. Eine Suche nach Autoren und Titeln ist möglich.

Aber nicht nur ein zentraler Server sondern auch die private Heimseite oder der www-Server des Institutes bieten sich zur elektronischen Veröffentlichung an.

Die elektronische Veröffentlichung einer wissenschaftlichen Arbeit hilft, die Priorität zu sichern. Sie kann aber eine Veröffentlichung in einer referierten Fachzeitschrift nicht ersetzen.

Inzwischen gibt es für verschiedene Fachgebiete auch referierte elektronische Journale. Zudem werden viele traditionelle Fachzeitschriften von den Verlagen zusätzlich in elektronischer Form angeboten.

11.6 Die Erweiterung vorhandener Strukturen

11.6.1 Die Definition eigener Befehle

Im Rahmen eines größeren Projektes kommt es oft zu der Situation, dass die von LaTeX und seinen Paketen bereitgestellten Befehle und Umgebungen nicht auf die speziellen Bedürfnisse passen. Für immer wiederkehrende Situationen ist es daher sinnvoll, eigene Befehle und Umgebungen zu definieren.

Zur Definition eigener Befehle oder Makros gibt es in LaTeX 2_ε die Befehle `\newcommand` und `\newcommand*` sowie `\renewcommand` und `\renewcommand*`. Hierbei wird durch `\newcommand` ein neuer Befehl definiert; `\renewcommand` überschreibt einen vorhandenen Befehl mit einer neuen Definition. Der alte Befehl ist danach nicht mehr zugänglich. Auch wenn der Befehl nur indirekt, d. h. in der Definition eines anderen Befehls verborgen, aufgerufen wird, gilt immer die neue Definition. Der Befehl `\renewcommand` sollte deshalb nur mit großer Vorsicht benutzt werden.

Im allgemeinen sollte stets die Stern-Form des Befehls `\newcommand` benutzt werden, weil dann Fehler besser behandelt werden. Fehlende schließende Schweifklammern werden von TeX am Absatzende bemerkt. Die Form ohne Stern sollte ausschließlich zur Definition langer Befehle verwendet werden, in deren Argument Absatzumbrüche vorkommen können.

Grundsätzlich sieht die Definition eines neuen Befehls wie folgt aus:

\newcommand**neuerbefehl*{*Ersatztext*}

Der neue Befehl wird bei jedem Auftreten durch den Ersatztext ersetzt. Dieser Vorgang heißt Makroexpansion und ist für TEX typisch. Daher kommt auch der Name Makro für einen so definierten Befehl. Der Name des neuen Befehls kann nur aus den Buchstaben a–z und A–Z bestehen. Der Unterschied zwischen Groß- und Kleinschreibung ist wesentlich.

```
\newcommand*\abut{\supset\!\subset}
% Relation abut
\renewcommand*\epsilon{\varepsilon}
% Ich bevorzuge diese Form
```

Zwei Makros werden definiert. Die Relation `\abut` sieht wie $\supset\!\subset$ aus. Der Befehl `\epsilon` wird durch `\varepsilon` überschrieben.

Bsp. 11.5: Definition von Makros (1)

Es ist möglich, Befehle mit bis zu neun Argumenten zu definieren. Dazu wird die Anzahl der Argumente dem Befehl `\newcommand` als optionales Argument übergeben. Die einzelnen Argumente werden durch `#1` ... `#9` im Ersatztext eingesetzt. Ein Argument braucht nicht unbedingt im Ersatztext vorzukommen, damit lassen sich im Einzelfall Eingaben ignorieren.

```
\newcommand*\abs[1]{\left|#1\right|}
% Absolutbetrag
\newcommand*\binom[2]{\left({#1\atop#2}\right)}
% Binomialkoeffizient
```

Die Anwendung der oben definierten Makros ergibt folgende Ergebnisse:

$\lvert -a\rvert = \lvert +a\rvert$	`$\abs{-a}=\abs{+a}$`
$\binom{n}{k}$	`$\binom{n}{k}$`

Bsp. 11.6: Definition von Makros (2)

Speziell zur Verwendung innerhalb von Makrodefinitionen ist der LATEX 2ε-Befehl `\ensuremath` gedacht. Damit ist es möglich, Befehle zu definieren, die gleichermaßen im Textmodus und im mathematischen Modus funktionieren.

```
\newcommand*\binom[2]%
  {\ensuremath{\left({#1\atop#2}\right)}}
% Binomialkoeffizient, der in Text oder
% Formeln gebraucht werden kann
```

Dieser Befehl lässt sich jetzt ohne ausdrückliches Umschalten in den mathematischen Modus im Text verwenden.

Bsp. 11.7: Definition von Makros (3)

Der Binomialkoeffizient $\binom{n}{k}$ ist ...

```
Der Binomialkoeffizient
\binom{n}{k} ist \dots
```

11.6.2 Eigene Umgebungen

Eigene Umgebungen lassen sich mit dem LaTeX 2_ε-Befehl `\newenvironment` definieren. Genau wie `\newcommand` hat auch dieser Befehl eine Stern-Form, die bevorzugt verwendet werden sollte.

Die Definition einer neuen Umgebung hat die folgende Form:

`\newenvironment*{`*neueumgebung*`}{`*beginteil*`}{`*endteil*`}`

Im Folgenden wird eine eigene Umgebung `smallquote` für kleiner gedruckte Zitate definiert, die gleichzeitig eingerückt gedruckt werden sollen. Typisch ist der Rückgriff auf eine bereits existierende Umgebung, in diesem Fall die Umgebung `quote`.

Bsp. 11.8: Definition einer Umgebung (1)

```
\newenvironment*{smallquote}%
  {\begin{quote}\small}%
  {\end{quote}}
```

Die Anwendung dieser Umgebung liefert das in der Abbildung 11.1 auf Seite 139 gezeigte Ergebnis.

Genau wie ein neuer Befehl kann auch eine neue Umgebung mit bis zu neun Argumenten definiert werden. Diese Argumente können nur im Begin-Teil der Umgebungsdefinition verwendet werden, nicht aber im End-Teil. Dies bedeutet jedoch keine wesentliche Einschränkung, wie das folgende Beispiel zeigt. Hier wird im Begin-Teil ein spezieller Befehl

Text in normaler Größe.

Ein eingerücktes Zitat in kleiner Größe.

Noch etwas Zitat.

Und hier geht der normale Text weiter.

```
Text in normaler Gr"o"se.
\begin{smallquote}
Ein einger"ucktes Zitat in
kleiner Gr"o"se.

Noch etwas Zitat.
\end{smallquote}
Und hier geht der normale Text
weiter.
```

Abb. 11.1: Die selbstdefinierte Umgebung `smallquote`

definiert, der gerade das Argument der Umgebung als Ersatztext hat. Dieser Befehl wird dann im End-Teil aufgerufen.

```
\newcommand*\quoteauthor{}
% Initialisierung von \quoteauthor
\newenvironment*{namedquote}[1]%
  {\begin{quote}%
   \renewcommand*\quoteauthor{#1}}%
  {\begin{flushright}%
   \textit{\quoteauthor}%
   \end{flushright}%
   \end{quote}}
```

Bsp. 11.9: Definition einer Umgebung (2)

Diese Umgebung wird wie in Abbildung 11.2 verwendet.

Das Medium ist die Botschaft.

Herbert Marshall McLuhan

```
\begin{namedquote}{Herbert Marshall McLuhan}
  Das Medium ist die Botschaft.
\end{namedquote}
```

Abb. 11.2: Die selbstdefinierte Umgebung `namedquote`

11.6.3 Die allgemeine Listenumgebung

Besonders gut zum Ableiten neuer Umgebungen ist die allgemeine Listenumgebung `list` geeignet. Diese Umgebung hat die folgende Syntax

```
\begin{list}{Marke}{Listenerklärung}
\item Listentext
\end{list}
```

Hierbei ist die *Marke* am Anfang die Ausgabe des Befehls `\item`, also etwa ein Blickfangpunkt (•) oder ein Spiegelstrich (–). Kompliziertere Marken (etwa Zähler, die hochgezählt werden) können nur durch Umdefinieren des Befehls `\makelabel` produziert werden.

In der *Listenerklärung* können nun viele Parameter gesetzt werden, die das Layout der Liste beeinflussen. Dies sind

`\itemsep` Senkrechter Abstand, der zusätzlich zu `\parsep` zwischen zwei Punkten der Liste eingefügt wird.

`\partopsep` Zusätzlicher Abstand, der eingefügt wird, wenn die Liste am Anfang eines Absatzes steht.

`\parsep` Senkrechter Abstand zwischen zwei Absätzen.

`\topsep` Senkrechter Abstand, der am Anfang und am Ende einer Liste zum vorangehenden Text eingefügt wird. Falls Absätze durch senkrechten Abstand ausgezeichnet sind, werden die beiden Abstände addiert.

`\itemindent` Zusätzliche Einrückung der Marke.

`\labelsep` Abstand zwischen der Marke und dem folgenden Text.

`\labelwidth` Breite, die für die Marke vorgesehen ist. Innerhalb dieser Breite wird die Marke *rechtsbündig* gesetzt, falls sie kürzer ist als vorgesehen, ansonsten wird sie linksbündig gesetzt und der folgende Text wird eingerückt.

`\leftmargin` Einzug des linken Randes des Textes.

`\listparindent` Absatzeinzug innerhalb der Liste.

`\rightmargin` Einzug des rechten Randes des Textes.

Alle Längen werden durch den Befehl `\setlength` gesetzt, so wird durch

```
\setlength\labelwidth{35pt}
```

die Breite der Marke auf 35 typografische Punkt gesetzt.

Bei der Definition einer Listenumgebung werden oft nur wenige (oder sogar keine) der oben erwähnten Parameter verändert.

```
\newenvironment{myquote}%
  {\begin{list}{}{}\item[]}%
  {\end{list}}
```

Bsp. 11.10: Definition einer Umgebung (3)

Diese Definition benutzt eine unveränderte Listenumgebung mit allen Standardwerten. Der rechte Einzug ist normalerweise Null, so dass eine nur auf der linken Seite eingerückte Liste entsteht. Innerhalb der Umgebung `myquote` braucht kein Befehl `\item` mehr zu stehen, da dieser im Begin-Teil bereits vorweggenommen wird. Die Abbildung 11.3 zeigt die Anwendung der so definierten Umgebung.

Ausgabe	Eingabe
Hier steht etwas normaler Text.	`Hier steht etwas normaler Text.`
Hier steht nun der zitierte Text, der durch eine Einrückung am linken Rand ausgezeichnet ist.	`\begin{myquote}` `Hier steht nun der zitierte Text, der durch eine Einr"uckung am linken Rand ausgezeichnet ist.` `\end{myquote}`
Und hier steht wieder normaler Text.	`Und hier steht wieder normaler Text.`

Abb. 11.3: Die selbstdefinierte Umgebung `myquote`

Zum Abschluss dieses Abschnitts kommt noch ein Beispiel, in dem die Marke neu definiert wird. Die Umgebung `beschreibung` ist der Standardumgebung `description` sehr ähnlich, nur ist als Auszeichnungsschrift für die Marke serifenlose Schrift anstelle von fetter Schrift gewählt.

Die Neudefinition des Befehls `\makelabel` erfolgt in zwei Schritten. Zuerst wird ein Befehl `\beschreibunglabel` mit einem Argument definiert. In der Listenerklärung wird dann `\makelabel` durch `\beschreibunglabel` ersetzt.

Der Abstand `\itemindent` ist hier negativ und gleich der Einrückung des Textes. Die für die Marken vorgesehene Breite ist Null, der eigentliche Text wird zuerst um \labelsep eingerückt. Dadurch beginnen alle Marken an der linken Textkante und erstrecken sich in die Liste hinein.

Bsp. 11.11: Umdefinition der Marke in einer Umgebung

```
\newcommand*\beschreibunglabel[1]%
  {\hspace{\labelsep}\textsf{#1}}
\newenvironment*{beschreibung}%
  {\begin{list}{}{%
    \setlength\labelwidth{0pt}%
    \setlength\itemindent{-\leftmargin}%
    \renewcommand*\makelabel{\beschreibunglabel}}}%
  {\end{list}}
```

Die Anwendung dieser Umgebung zeigt die Abbildung 11.4.

Elefant Großes Tier, das in Afrika lebt.

Mücke Kleines Tier, das auf der ganzen Welt verbreitet ist.

Schnabeltier Mittelgroßes Tier, das hier nur wegen seines Namens auftaucht.

```
\begin{beschreibung}
\item[Elefant] Gro"ses Tier,
 das in Afrika lebt.
\item[M"ucke] Kleines Tier,
 das auf der ganzen Welt
 verbreitet ist.
\item[Schnabeltier]
 Mittelgro"ses Tier, das
 hier nur wegen seines
 Namens auftaucht.
\end{beschreibung}
```

Abb. 11.4: Die selbstdefinierte Umgebung beschreibung

11.6.4 Die goldenen Regeln des Makroschreibens

Die Versuchung ist groß, sehr viele eigene Befehle zu definieren. Leider geht dabei die Übersicht oft schnell verloren und Fehler treten auf. Gegen viele Fehler schützen die *goldenen Regeln* des Makroschreibens.

1. Benutze stets \newcommand* oder \newenvironment* zur Definition eigener Makros!

2. Gib dem Makro einen sprechenden Namen!

3. Dokumentiere die definierten Befehle!

4. Mache die Struktur der Makrodefinition deutlich!

5. Beende jede Zeile in der Makrodefinition, die nicht mit einem Befehl oder einer Zahl endet, mit einem Prozentzeichen!

Die erste Regel garantiert die beste Fehlerbehandlung, die möglich ist. Konflikte mit bereits vergebenen Befehlsnamen werden erkannt, und fehlende schließende Klammern werden am Absatzende eingefangen.

Die zweite Regel macht die neuen Makros benutzbar. Eine aus nur zwei Buchstaben bestehende Abkürzung mag am Anfang die Schreibarbeit erleichtern, gerät aber nach einiger Zeit in Vergessenheit. Nach einer längeren Arbeitspause gibt es dann Schwierigkeiten.

Jedes Makro, auch das allereinfachste, sollte dokumentiert werden. Oft genügt ein kurzer Kommentar von einer Zeile, der aussagt, wozu das Makro verwendet werden soll. Falls ein spezieller Kniff benutzt wurde oder eine Abhängigkeit von einem anderen selbstdefinierten Makro besteht, fällt der Kommentar ausführlicher aus. Bei Makros, die aus einer Vorlage kopiert werden, sollte der Verweis auf diese nicht fehlen.

Die Struktur eines Makros wird durch übersichtliche Einrückung deutlich gemacht. Hierbei ist ein einheitlicher Stil von Vorteil.

Die fünfte goldene Regel wird leider allzu oft nicht beachtet. Dies führt dann dazu, dass unerwünschte Leerzeichen in der Ausgabe auftreten, weil ein Zeilenende nach einer Schweifklammer einem Leerzeichen äquivalent ist. Dieser Fehler ist im Nachhinein oft sehr schwer zu entdecken und zu beheben.

Es empfiehlt sich weiterhin, alle eigenen Definitionen in einer Datei *mymacros*`.sty` abzulegen und diese mit dem Befehl `\usepackage{mymacros}` zu laden. Dadurch bleiben alle Makros an einem Ort versammelt und lassen sich leichter pflegen.

11.6.5 Der Bezug zum LaTeX-Konzept

Bei der Definition eigener Befehle sollte das LaTeX-Konzept der logischen Auszeichnung nicht aus den Augen verloren werden. Bei guter logischer Auszeichnung können sich eigene Befehle wie von selbst entwickeln. Werden etwa die Nachnamen von Personen durch den selbstdefinierten Befehl `\person` ausgezeichnet, so kann eine erste Definition dieses Befehls die Form

```
\newcommand*\person[1]{\textsc{#1}}
```

haben. Die Namen von Personen erscheinen also in Kapitälchen. Später kann der Gedanke dazukommen, dass die Personen im Schlagwortverzeichnis auftauchen sollen. Eine Erweiterung der Definition zu

```
\newcommand*\person[1]{\textsc{#1}%
   \index{#1@\textsc{#1}}}
```

leistet das Gewünschte. Nur die Makrodefinition muss geändert werden, der bereits geschriebene Text bleibt unverändert. Wenn sich im Nachhinein herausstellen sollte, dass Personen nicht durch Kapitälchen sondern durch eine andere Schriftart gekennzeichnet werden sollen, ist dies ebenfalls kein Problem – eine einzige Änderung der Definition genügt.

Ein weiteres Beispiel: In der ersten Auflage dieses Buches waren alle erwähnten Pakete durch `\pkg` ausgezeichnet. Dieser Befehl war definiert als

```
\newcommand*\pkg[1]{%
  \texttt{#1}\glossary{#1@\texttt{#1}}% Pakete
```

und zeichnete Pakete durch Schreibmaschinenschrift im Text und im Paketverzeichnis aus.

Für die zweite Auflage mit neuem Layout war es sinnvoll, die Pakete auch in der Randspalte zu erwähnen. Es genügte, den Befehl `\pkg` wie folgt zu erweitern:

```
\newcommand*\pkg[1]{%
  \texttt{#1}\glossary{#1@\texttt{#1}%
  \marginpar{\small\tt#1\vphantom{\th}}}
% Pakete
```

In der obigen Definition steckt noch ein Kunstgriff, durch `\vphantom{\th}` erhalten alle Pakete eine unsichtbare Ober- und Unterlänge. Das garantiert gleichmäßige Zeilenabstände in der Marginalspalte.

Der Befehl `\pkg` kam in der ersten Auflage dieses Buches 132mal vor.

Kapitel 12

Hypertext

12.1 Text und Hypertext

Gewöhnlichen Text liest man linear vom Anfang bis zum Ende. Sprünge kommen nicht vor. Um einem Verweis zu folgen, ist es notwendig, zu blättern oder man muss ein anderes Buch erst einmal in der Bibliothek ausleihen.

Hypertext kehrt dieses Verfahren praktisch um: Der automatische Verweis wird zum Prinzip erhoben. Die lineare Anordnung der Textteile wird aufgehoben. Man kann in einem Netz von einem Knoten zum anderen springen. Durch die Rechnerunterstützung ist auch die Beschränkung auf Text und statische Bilder aufgehoben, auch Töne und bewegte Bilder können angesprungen werden.

Das Memex-System, vorgeschlagen von Vannevar Bush im Jahr 1945, gilt als die Erfindung von Hypertext. Das Wort Hypertext selbst wurde im Jahr 1965 von Ted Nelson geprägt. Seit 1967 wurden verschiedene Hypertext-Systeme entwickelt, die allerdings in kleinen Nischen lebten. Dies änderte sich im Jahr 1991, als Tim Berners-Lee am CERN das *World Wide Web* (www) startete.

Das www ruht auf drei Säulen: Der Auszeichnungssprache HTML (*Hypertext Markup Language*), dem Protokoll http (*Hypertext Transport Protocol)* und dem Konzept des URL (*Uniform Ressource Locator*). Zusammen mit den verfügbaren Datenleitungen entstand binnen kurzem ein weitverzweigter Hypertext.

Seitdem ist das www explosionsartig gewachsen. Die Anzahl der Webauftritte lässt sich nicht mehr überschauen.

Am Anfang stand das Bild einer verteilten Enzyklopädie oder einer weltweiten Bibliothek im Vordergrund. Inzwischen lässt sich das www jedoch eher als ein bunter Katalog mit allen möglichen Angeboten begreifen.

12.2 HTML und pdf

Als Formate zur Verteilung von Hypertext im www haben sich besonders HTML (*Hypertext Markup Language*) und pdf durchgesetzt. In ihrer Natur sind HTML und pdf (*Portable Document Format*) Gegensätze.

HTML ist eine reine Auszeichnungssprache, die das Layout dem Browser überlässt. Verändert man das Fenster eines grafischen Browsers, so wird der Text neu umbrochen und sieht immer wieder anders aus. HTML-Dateien können mit einem beliebigen Texteditor leicht bearbeitet werden.

Auf der anderen Seite steht pdf, das das Layout und den Umbruch vollkommen festlegt. Es kann nicht einfach bearbeitet und verändert werden, vielmehr ist pdf das Endprodukt einer Bearbeitungskette, in der irgendwo ein Satzprogramm steckt.

Sowohl HTML als auch pdf unterstützen Formulare, mit denen Eingaben gemacht werden können, die dann von Programmen weiterverarbeitet werden. Sowohl latex2html als auch pdfLaTeX können Formulare erzeugen, dies ist aber in diesem Kapitel nicht ausgeführt. In [Goossens et al. 1999] findet sich dies (und viel mehr).

HTML ist ein offener Standard, der vom w3c-Konsortium gepflegt und entwickelt wird. Es hat inzwischen eine formale Definition als eine SGML-DTD (*Document Type Definition*). Es ist eine stabile Auszeichnungssprache geworden. Die Browserkriege der Vergangenheit, als die Hersteller der Browser sich im Einführen neuer HTML-Varianten überboten, sind inzwischen Geschichte.

Die Firma Adobe hat pdf als Standard offengelegt. Auf der Spezifikation kann jeder aufbauen. So gibt es freie Software, die pdf erzeugen und verarbeiten kann. Natürlich bietet die Firma Adobe auch kommerzielle Produkte rund um pdf an. Am bekanntesten ist die Familie der Acrobat-Programme. Das Anzeigeprogramm Acrobat Reader wird von Adobe kostenlos abgegeben, ist aber keine freie Software.

12.3 latex2html

Das Programm latex2html stammt von Nikos Drakos, der es 1995 veröffentlichte. Seit 1997 wird es von Ross Moore weiterentwickelt. Es ist freie Software unter der GNU-Lizenz.

12.3.1 »Hallo Welt« mit latex2html

Zur Einführung von latex2html dient nochmal das Beispiel »Hallo Welt«. Die Eingabedatei `halowelt.tex` sah so aus

```
\documentclass{article}
\usepackage{a4}
\usepackage{german}
\begin{document}
Hallo Welt.
\end{document}
```

Mit dem Kommando

```
latex2html halowelt
```

wird die Übersetzung nach HTML gestartet. Das Programm latex2html tut nun das Folgende:

- Es legt ein Unterverzeichnis `halowelt` an. Die ganze Ausgabe von latex2html befindet sich in diesem Unterverzeichnis.
- In diesem Unterverzeichnis erscheinen zwei HTML-Dateien, `halowelt.html` und `node1.html`. Ein Link `index.html` zeigt auf `halowelt.html`.
- Außerdem wurde eine Datei `halowelt.css` angelegt.

Die Datei `halowelt.html` wird vom Browser ungefähr so dargestellt:

Nächste Seite: Über dieses Dokument ...
Hallo Welt.

- Über dieses Dokument ...

Jörg Knappen 2004-02-18

Abb. 12.1: Hallo Welt, Eingangsseite

Oben auf der Seite sind drei Navigationselemente zu sehen, die latex2html auf jeder Seite anbringt. Wenn sie nicht benutzbar sind, erscheinen sie ausgegraut. Wird der Knopf »Next« oder der Link »Über dieses Dokument« geklickt, dann erscheint die Seite `node1.html`:

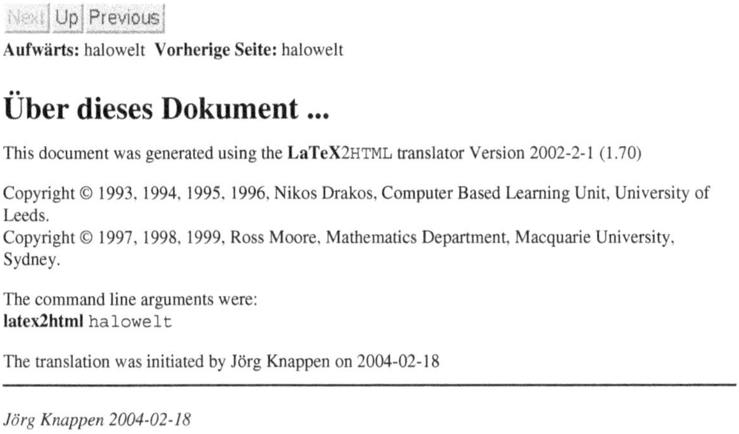

Next Up Previous
Aufwärts: halowelt **Vorherige Seite:** halowelt

Über dieses Dokument ...

This document was generated using the **LaTeX**2HTML translator Version 2002-2-1 (1.70)

Copyright © 1993, 1994, 1995, 1996, Nikos Drakos, Computer Based Learning Unit, University of Leeds.
Copyright © 1997, 1998, 1999, Ross Moore, Mathematics Department, Macquarie University, Sydney.

The command line arguments were:
latex2html `halowelt`

The translation was initiated by Jörg Knappen on 2004-02-18

Jörg Knappen 2004-02-18

Abb. 12.2: Hallo Welt, Folgeseite

Auf dieser Seite ist eine Information über die Erstellung der Seiten zu finden. Interessant ist die Fußzeile, die vollautomatisch aus der Benutzerinformation des Systems erstellt wurde.

12.3.2 Ein Beispielartikel

Beim folgenden Beispielartikel (siehe Abbildung 12.7 auf Seite 151) kann latex2html etwas von dem zeigen, was es kann.

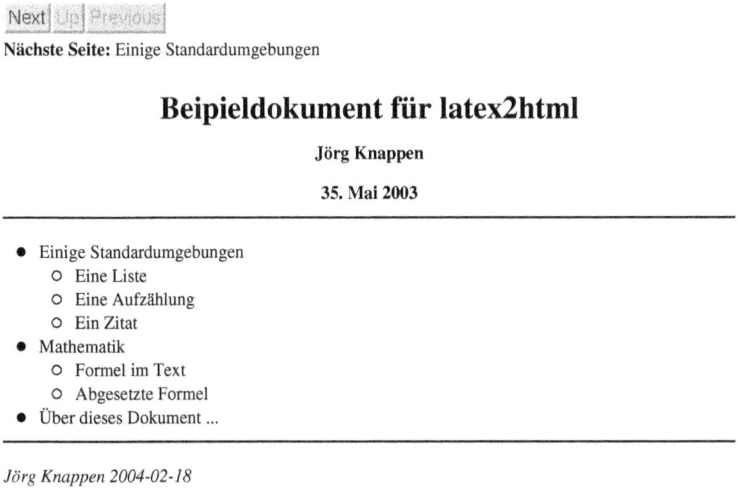

Next Up Previous
Nächste Seite: Einige Standardumgebungen

Beipieldokument für latex2html

Jörg Knappen

35. Mai 2003

Jörg Knappen 2004-02-18

Abb. 12.3: Beispielartikel, Eingangsseite

Das ist die Einangangsseite des Artikels. Nach der Überschrift erscheint ein klickbares Inhaltsverzeichnis, mit dem das ganze Dokument schnell erreichbar ist. Jeder Abschnitt ist in diesem Fall eine eigene HTML-Datei (dies lässt sich auch anders einstellen).

Die Liste ist in reines HTML übersetzt worden und sieht jetzt so aus:

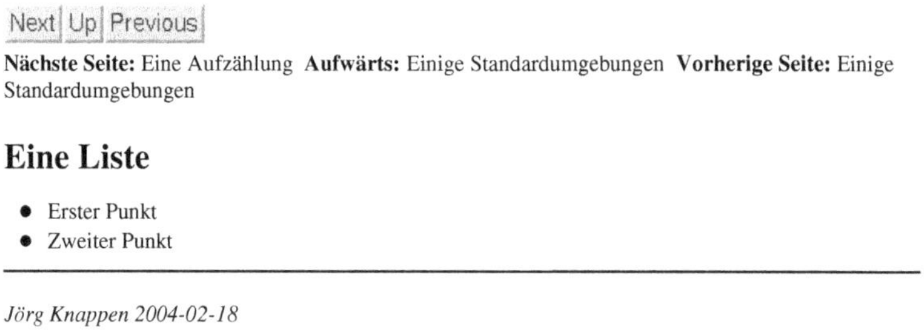

Next Up Previous

Nächste Seite: Eine Aufzählung **Aufwärts:** Einige Standardumgebungen **Vorherige Seite:** Einige Standardumgebungen

Eine Liste

- Erster Punkt
- Zweiter Punkt

Jörg Knappen 2004-02-18

Abb. 12.4: Liste mit latex2html

Die Aufzählung ist ebenfalls in reines HTML übersetzt worden und sieht jetzt so aus:

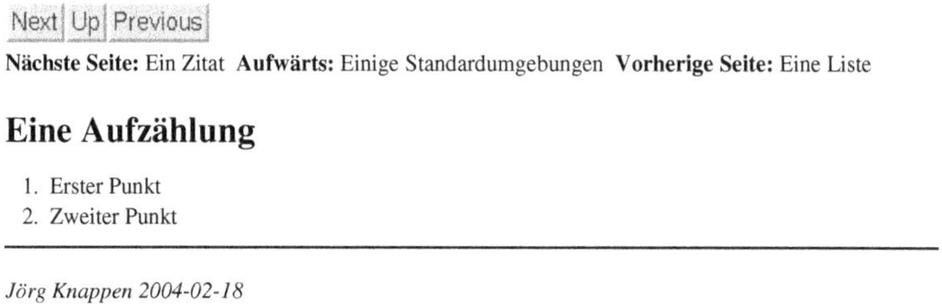

Next Up Previous

Nächste Seite: Ein Zitat **Aufwärts:** Einige Standardumgebungen **Vorherige Seite:** Eine Liste

Eine Aufzählung

1. Erster Punkt
2. Zweiter Punkt

Jörg Knappen 2004-02-18

Abb. 12.5: Aufzählung mit latex2html

Auch aus dem Zitat ist reines HTML geworden, das nun so ausschaut:

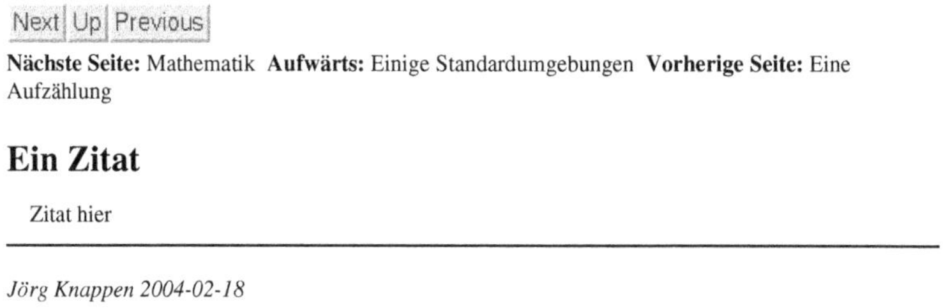

Next Up Previous

Nächste Seite: Mathematik **Aufwärts:** Einige Standardumgebungen **Vorherige Seite:** Eine Aufzählung

Ein Zitat

Zitat hier

Jörg Knappen 2004-02-18

Abb. 12.6: Zitat mit latex2html

Bei der Formel im Text ist etwas mehr passiert: Da sich die Formel nicht einfach in reines HTML umwandeln ließ, wurde sie in ein Bild verwandelt. Das Bild ist dann in HTML eingebunden worden. Im Browser zeigt sich etwa dieses Bild:

```
\documentclass{article}
 \usepackage{german}
\begin{document}
  \title{Beipieldokument f"ur latex2html}
  \author{J"org Knappen}
  \date{35. Mai 2003}
\maketitle
\section{Einige Standardumgebungen}
 \subsection{Eine Liste}
  \begin{itemize}
   \item Erster Punkt
   \item Zweiter Punkt
  \end{itemize}
 \subsection{Eine Aufz"ahlung}
  \begin{enumerate}
   \item Erster Punkt
   \item Zweiter Punkt
  \end{enumerate}
 \subsection{Ein Zitat}
  \begin{quote}
   Zitat hier
  \end{quote}
\section{Mathematik}
 \subsection{Formel im Text}
  Das ist eine kleine Formel im Text
  $a^2 + b^2 = c^2$, der hier weitergeht.
 \subsection{Abgesetzte Formel}
  Das ist eine abgesetzte Formel
  \begin{displaymath}
   \int x^2 dx = \frac{1}{3}x^3
  \end{displaymath}
  Die folgende Formel ist numeriert.
  \begin{equation}
   \int x^3 dx = \frac{1}{4}x^4
  \end{equation}
\end{document}
```

Abb. 12.7: Ein Beispielartikel

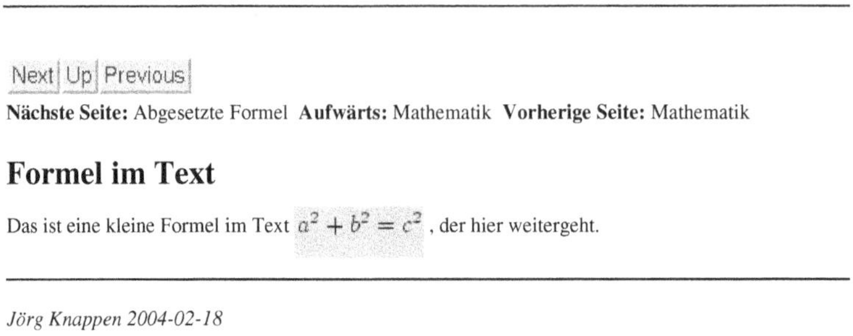

Next Up Previous
Nächste Seite: Abgesetzte Formel **Aufwärts:** Mathematik **Vorherige Seite:** Mathematik

Formel im Text

Das ist eine kleine Formel im Text $a^2 + b^2 = c^2$, der hier weitergeht.

Jörg Knappen 2004-02-18

Abb. 12.8: Formel im Text mit latex2html

Was im Bild nicht zu sehen ist: In der HTML-Datei wurde ein <ALT>-Tag eingefügt, welches den LaTeX-Quelltext der Formel enthält. So kann diese HTML-Datei auch von einem reinen Textbrowser (z. B. lynx) oder von einem sprechenden Browser wiedergeben werden.

```
Das ist eine kleine Formel im Text <!-- MATH
 $a^2 + b^2 = c^2$
 -->
<IMG
 WIDTH="87" HEIGHT="34" ALIGN="MIDDLE" BORDER="0"
 SRC="img1.png"
 ALT="$a^2 + b^2 = c^2$">, der hier weitergeht.
```

Bsp. 12.1: HTML-Quellcode der eingebundenen Formel

Auch die abgesetzten Formeln werden in Bilder umgerechnet. In der HTML-Datei befinden sich zusätzlich, wie bei den eingebundenen Formeln, <ALT>-Tags.

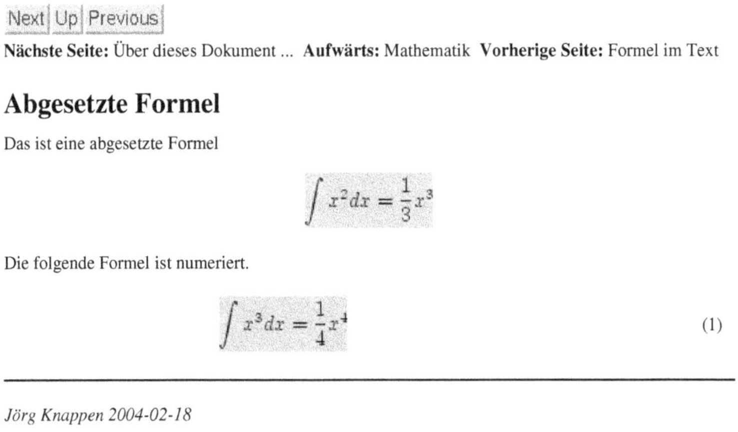

Next Up Previous
Nächste Seite: Über dieses Dokument ... **Aufwärts:** Mathematik **Vorherige Seite:** Formel im Text

Abgesetzte Formel

Das ist eine abgesetzte Formel

$$\int x^2 dx = \frac{1}{3}x^3$$

Die folgende Formel ist numeriert.

$$\int x^3 dx = \frac{1}{4}x^4 \qquad (1)$$

Jörg Knappen 2004-02-18

Abb. 12.9: Abgesetzte Formeln mit latex2html

Aus `\index`-Befehlen extrahiert latex2html die Information und baut eigenständig (ohne MakeIndex oder die `.idx`-

0	keine Aufspaltung	5	`\subsubsection`
1	`\part`	6	`\paragraph`
2	`\chapter`	7	`\subparagraph`
3	`\section`	8	`\subsubparagraph`
4	`\subsection`		

Tab. 12.1: Die Splitlevel von latex2html

Datei von LaTeX zu benutzen) ein Register mit Hyperlinks auf.

Die Befehle `\label`, `\ref` und `\cite` werden ausgewertet und in Hyperlinks umgesetzt.

Fußnoten werden ausgewertet und können angesprungen werden. Von der Fußnote gibt es einen Rücksprung in den Text.

Auch das Abbildungsverzeichnis und das Tabellenverzeichnis sind verlinkt.

12.3.3 Eigenschaften von latex2html

Auf der Kommandozeile lässt sich festlegen, wie stark latex2html die Dateien aufspalten soll. Hierzu dient der Schalter `-split` *num*. Hierbei ist *num* eine Zahl zwischen 0 und 8, die Voreinstellung ist 8 (maximale Aufspaltung). Bei einem Wert von 0 wird gar nicht aufgespalten und es entsteht eine einzige HTML-Datei. Ansonsten entspricht jede Zahl einer Gliederungsebene, an der gerade noch geteilt wird. Diese Ebenen sind in der Tabelle 12.1 abzulesen. Die Ebene `\subsubparagraph` kommt in den Standarddokumentenklassen von LaTeX 2_ε nicht vor.

Ein anderer Schalter der Kommandozeile ist `-link` *num*. Dieser Schalter steuert die Tiefe der Inhaltsverzeichnisse auf jeder HTML-Seite. Die Voreinstellung ist 4. Der Wert 0 bedeutet, dass gar kein Inhaltsverzeichnis angelegt wird, der Wert 1 bedeutet, dass die nächsttiefere Ebene angezeigt wird.

12.3.4 Erweiterungen für latex2html

Das bisher Beschriebene hat latex2html aus gewöhnlichem LaTeX gemacht, ohne dass zusätzliche Befehle oder Pakete notwendig waren. Mit dem Paket `html` wird die Mächtigkeit von latex2html noch einmal erweitert.

`html`

Es gibt nun Befehle für externe Hyperlinks, unterschiedliche Behandlung von Text in LaTeX für die Druckversion und HTML, und die Möglichkeit beliebiges HTML in die Ausgabe von latex2html einzufügen.

Der Befehl `\htmladdnormallink` erzeugt einen Hyperlink. Er hat zwei Argumente, das erste enthält den Text unter dem Link, und das zweite den Lokator (URL). LaTeX druckt nur den Text, nicht aber den Lokator. Die Befehlsvariante `\htmladdnormallinkfoot` druckt den Lokator in eine Fußnote.

Bsp. 12.2: Ein Hyperlink

Dante e. V.[a]

[a] http://www.dante.de/

```
\htmladdnormallinkfoot
{Dante e.\,V.}
{http://www.dante.de}
```

Die beiden Umgebungen `latexonly` und `htmlonly` bezeichnen Material, das nur für LaTeX (zum Druck) bzw. nur für die HTML-Fassung des Dokumentes bestimmt ist. Von der Umgebung `latexonly` gibt es eine Sonderform als Kommentar:

Bsp. 12.3: Sonderform der Umgebung `latexonly`

```
%\begin{latexonly}
Nur f"ur \LaTeX \dots
%\end{latexonly}
```

LaTeX sieht nur einen Kommentar und übersetzt den Inhalt ohne irgendetwas von einer Umgebung zu bemerken. Gesetzte Änderungen sind also nicht auf die Umgebung lokal beschränkt. Das Programm latex2html erkennt aber diesen Kommentar als Signal, alles, was dort steht, zu überspringen.

Für kurze Alternativtexte gibt es den Befehl `\latexhtml` mit zwei Argumenten, das erste bezeichnet die LaTeX-Version der Eingabe, das zweite die HTML-Version.

```
\latexhtml{$\pi^0$}{pi0}
```

Bsp. 12.4: Alternative Texte für LATEX und HTML

In LATEX wird das neutrale Pion durch π^0 wiedergegeben, in HTML aber als pi0. Damit lassen sich viele Bilder einsparen.

Die Umgebung `rawhtml` fügt beliebiges HTML in die HTML-Ausgabe ein. Ihr Inhalt wird von LATEX ignoriert. Damit lassen sich z. B. Kommentare in die HTML-Ausgabe schreiben, die vom Browser nicht angezeigt werden.

```
\begin{rawhtml}
<!-- Dies ist ein Kommentar, der in
  der HTML-Datei steht, aber nicht
  vom Browser angezeigt wird.
-->
\end{rawhtml}
```

Bsp. 12.5: Ein HTML-Kommentar

12.4 pdfLATEX

Der Motor von pdfLATEX ist das Programm pdfTEX, das von Hàn Thế Thành entwickelt wurde. Es ist freie Software und ist heute Bestandteil der gängigen TEX-Verteilungen.

12.4.1 Von LATEX zu pdf

Es gibt drei verschiedene Wege von LATEX zu pdf:

1. LATEX erzeugt eine `.dvi`-Datei. Der Druckertreiber dvips macht daraus eine PostScript-Datei. Das freie Programm ps2pdf erzeugt schließlich die pdf-Datei.
2. LATEX erzeugt eine `.dvi`-Datei. Der Treiber dvitopdfm erzeugt daraus eine pdf-Datei.
3. pdfLATEX erzeugt aus der Eingabe direkt eine pdf-Datei. Der Umbruch stimmt dabei mit dem überein, den gewöhnliches LATEX auch erzeugt.

Alle drei Wege haben ihre Berechtigung und keiner ist von vorneherein von der Hand zu weisen. Der letzte Weg ist jedoch am elegantesten.

12.4.2 Ergänzungen von pdfLaTeX

Eine Vorführung des »Hallo Welt«-Beispiels erübrigt sich, denn pdfLaTeX tut genau das Gleiche wie herkömmliches LaTeX. Nur die Ausgabe ist eine pdf-Datei anstelle einer `.dvi`-Datei.

`hyperref` Mit dem Paket `hyperref` von Sebastian Rahtz und Heiko Oberdiek wird das Ganze spannend: Ohne dass die restliche Eingabe geändert wird, passiert Folgendes:

- Die Befehle `\ref`, `\pageref` und `\cite` werden zu Hyperlinks, die auf die zugehörigen Label und Literatureinträge verweisen.
- Die Verzeichnisse (Inhalt, Abbildungen, Tabellen) werden verlinkt.
- Nach dem zweiten pdfLaTeX-Lauf sind Bookmarks entstanden, mit denen der Acrobat Reader (acroread) eine Navigationshilfe bereitstellt.

Mit der Option `hyperindex` wird auch das Register verlinkt. Die Option `backref` verändert das Literaturverzeichnis: Es wird auch die Seite angegeben, auf der das Zitat steht, und es gibt einen Rücksprung dorthin.

`hyperref` Das Paket `hyperref` kennt weitere Befehle, um mehr Nutzen aus dem pdf-Format zu ziehen.

Ein externer Hyperlink wird durch den Befehl `\href` erzeugt, der zwei Argumente hat. Im ersten steht der Lokator (die Sonderzeichen `~` und `#` sind dort erlaubt), der nicht gedruckt wird, im zweiten steht der Text, der gedruckt wird und unter dem der Hyperlink liegt.

Der Befehl `\texorpdfstring` dient der Eingabe von Alternativtexten. Dieser hat zwei Argumente, im ersten die Eingabe für die eigentliche LaTeX-Ausgabe, im zweiten die Eingabe für die pdf-Bookmarks. Letztere können nämlich erheblich weniger, sie sind im wesentlichen auf simplen Text beschränkt, der auch Umlaute enthalten darf. Formeln, Tabellen, grafische Elemente oder ungewöhnliche Schriftzeichen sind in den Bookmarks nicht möglich.

```
\section{Die Reaktion
  \texorpdfstring{$\mathrm{p(e, e'\pi^0)$}%
                 {p(e,e' pi0}}
```

Bsp. 12.6: Alternative Texte für LaTeX und pdf

12.4.3 Tipps für das Arbeiten mit pdfLaTeX

Weil pdf-Dateien meistens mit dem Acrobat Reader betrachtet werden, sollten alle Schriften vom PostScript Typ 1 sein. Schriften vom PostScript Typ 3 zeigt der Acrobat Reader leider äußerst schlecht an.[1] Die Druckqualität ist von den Darstellungsproblemen nicht betroffen.

Die meisten LaTeX-Schriften sind heute im Typ-1-Format erhältlich und bei einer jungen LaTeX-Installation auch schon installiert. Eine wichtige Ausnahme bilden leider die ec-Schriften. Mit den cm-super-Schriften Vladimir Volovich, die meist separat nachinstalliert werden müssen, stehen auch die ec-Schriften im Typ-1-Format zur Verfügung.

12.5 Bildschirmpräsentationen

Die Gestaltung einer Bildschirmpräsentation unterscheidet sich in mehreren wichtigen Punkten von der Gestaltung eines gedruckten Textes.

Der erste und auffälligste Unterschied ist das Format: Eine Präsentation ist im Querformat gehalten, während ein Buch oder eine Zeitschrift üblicherweise im Hochformat erscheint. Die Textmenge, die auf eine Bildschirmseite passt, ist viel geringer als auf einer Buchseite. Große serifenlose Schriften sorgen am Bildschirm für gute Lesbarkeit.

Die Betrachter einer Bildschirmpräsentation möchten sich gerne orientieren können, an welcher Stelle des Vortrages sie sich gerade befinden. Hierzu müssen spezielle Orientierungselemente in die Bildschirmgestaltung einbezogen werden. Dazu kommen anklickbare Navigationselemente zum Blättern oder zum Zeigen zusätzlicher Informationen.

Zuguterletzt möchte der Vortragende auf verschiedene Präsentationstechniken, z. B. auf das schrittweise Enthüllen

[1] Dies ist kein Fehler der Schriften, sondern eine Unzulänglichkeit des Acrobat Reader.

von Informationen, zugreifen. Auch eine druckbare Version (etwa als Tischvorlage) ist wünschenwert.

beamer

All das bietet die Dokumentenklasse `beamer` von Till Tantau, die mit pdfLaTeX oder auch mit klassischem LaTeX und dvips verwendet werden kann. Die fertige Präsentation kann dann mit dem Acrobat Reader vorgeführt werden.

12.5.1 Themen

Die Gestaltung der Präsentation wird durch insgesamt fünf Themen festgelegt. Werden die verschiedenen Themen nicht gesetzt, verwendet die Klasse `beamer` jeweils eine Voreinstellung.

beamer

Das Hauptthema legt die Gestaltung der einzelnen Seiten fest. Die verschiedenen Hauptthemen sind nach Städten benannt. Die Groß- und Kleinschreibung ist hierbei zu beachten. Mit dem Befehl `\usetheme` wird das Hauptthema gesetzt.

Bsp. 12.7: Setzen des Hauptthemas

```
\usetheme{Warsaw}
```

Mögliche Hauptthemen sind: AnnArbor, Antibes, Bergen, Berkeley, Berlin, Boadilla, boxes, CambridgeUS, Copenhagen, Darmstadt, default, Dresden, Frankfurt, Goettingen, Hannover, Ilmenau, JuanLesPins, Luebeck, Madrid, Malmoe, Marburg, Montpellier, PaloAlto, Pittsburgh, Rochester, Singapore, Szeged und Warsaw. Neuere Versionen des Pakets `beamer` können mehr Hauptthemen enthalten.

beamer

Die Farben einer Bildschirmpräsentation sollten aufeinander abgestimmt sein. Fertige Farbthemen bieten passende Farbpaletten an. Das Farbthema wird mit dem Befehl `\usecolortheme` gesetzt. Zur Auswahl stehen die folgenden Farbthemen: albatross, beaver, beetle, crane, default, dolphin, dove, fly, lily, orchid, rose, seagull, seahorse, sidebartab, structure, whale und wolverine. Hierbei betreffen Farbthemen, die nach fliegenden Tieren benannt sind, die gesamte Gestaltung. Die pflanzlichen Themen betreffen nur die inneren Elemente (wie Blöcke und Umgebungen); die nach Meerestieren benannten Themen nur die äußeren Elemente (wie

Randleiste, Kopf- und Fußzeile). Das Farbthema sidebartab hebt den aktuellen Abschnitt des Vortrags in der Randleiste durch eine farbige Hinterlegung hervor.

Die Schriften werden durch das Fontthema mit dem Befehl `\usefonttheme` festgelegt. Zur Auswahl stehen die folgenden Fontthemen: serif, structurebold, structureitalicserif und structuresmallcapsserif.

Das innere Thema bestimmt die Gestaltung verschiedener Elemente wie der Titelseite, der Umgebungen und der Bibliografie. Es wird mit dem Befehl `\useinnertheme` gesetzt. Zur Auswahl stehen die folgenden inneren Themen: circle, default, inmargin, rectangles und rounded.

Das äußere Thema bestimmt, welche Elemente wo auftauchen. Es legt die Gestaltung von Kopf- und Fußzeilen, Randleisten und Seitentiteln fest. Es wird mit dem Befehl `\useoutertheme` gesetzt. Zur Auswahl stehen die folgenden äußeren Themen: default, infolines, miniframes, shadow, sidebar, smoothbars, smoothtree, split und tree.

12.5.2 Titelei

Die Titelei ist im Vergleich zu den Standardklassen (vgl. Abschnitt 2.2 auf Seite 17) deutlich erweitert. Die Befehle `\author`, `\title` und `\date` erhalten ein zusätzliches optionales Argument, das eine Kurzform enthält. Dazu kommen weitere Befehle. Mit dem Befehl `\subtitle` lässt sich ein Untertitel (mit optionaler Kurzform) angeben. Der Befehl `\institute` enthält die Institution des Vortragenden, auch er hat ein optionales Argument für eine Kurzform. Die Befehle `\logo` und `\titlegraphic` dienen der Einbindung eines Logos (für alle Seiten des Vortrags) und einer Titelgrafik (für die Titelseite). Das erste Argument enthält den Einbindungsbefehl (aus einem der Pakete `graphicx` oder `pgf`) mit eventuellen optionalen Argumenten; das zweite Argument den Namen der Bilddatei. Der Befehl `\subject` setzt den Titel in den Eigenschaften des pdf-Dokuments, der Befehl `\keywords` setzt Schlüsselwörter in den Eigenschaften des pdf-Dokuments.

`graphicx`
`pgf`

Mit dem Befehl `\maketitle` wird eine Titelseite erzeugt.

```
\titel[Beispiel]{Beispieldokument f"ur die
  Klasse beamer}
\subtitle[Gute Bildschirmpr"asentation]%
  {Tipps f"ur eine gute Bildschirmpr"asentation}
\author[J. K.]{J"org Knappen}
\date[35. 5. 2009]{35. Mai 2009}
\institute[ITFS]{Institut f"ur \TeX{}nische
  Forschung Saarbr"ucken}
\logo{\includegraphics[scale=.5]}{jklogo}
\titlegraphics{\includegraphics[scale=2]}{titlbild}
```

Bsp. 12.8: Titelei einer Bildschirmpräsentation

12.5.3 Gliederung

Die Gliederung der Präsentation erfolgt mit den Befehlen `\part`, `\section`, `\subsection` und `\subsubsection`. Diese Auswahl ist an der Standardklasse `article` orientiert. Die Gliederungsbefehle stehen außerhalb der einzelnen Seiten des Vortrags.

`article`

Ein Inhaltsverzeichnis wird – genau wie in den Standardklassen – mit dem Befehl `\tableofcontents` erzeugt, der in der Klasse `beamer` ein zusätzliches optionales Argument bekommt. Mit

`beamer`

```
\tableofcontents[pausesections]
```

werden die einzelnen Abschnitte des Inhaltsverzeichnisses schrittweise enthüllt.

12.5.4 Bildschirmseiten

Jede Bildschirmseite wird durch eine `frame`-Umgebung angegeben. Die Umgebung `frame` hat den Seitentitel als verpflichtendes Argument sowie ein oder zwei optionale Argumente. Das eine optionale Argument hat die Form `[<+->]` und bedeutet, dass die Elemente auf der Seite schrittweise enthüllt werden. Das andere optionale Argument ist für besondere Bildschirmseiten gedacht; die Option `[fragile]` ist notwendig für Seiten, die eine der Umgebungen `verbatim` oder `alltt` enthalten, die Option `[plain]` schaltet alle Randelemente für diese eine Seite aus und ist geeignet für Seiten, die nur aus einem großen Bild bestehen.

```
\begin{frame}[fragile]{Code-Fragment}
  \begin{verbatim}
  printf("Hallo Welt!\n");
  \end{verbatim}
\end{frame}
```

Bsp. 12.9: Eine Bildschirmseite

Innerhalb der Bildschirmseite sollte kein Fließtext stehen. Alles sollte entweder in einem Block oder in einer Listen-Umgebung wie `enumerate` oder `itemize` untergebracht werden.

Die Umgebung `block` hat den Titel des Blocks als verpflichtendes Argument.

12.5.5 Schrittweises Enthüllen

Der einfachste Befehl zum schrittweisen Enthüllen von Informationen ist `\pause`. Der Seite wird bis zu diesem Befehl angezeigt, der folgende Inhalt ist noch verhüllt. Durch Weiterblättern wird dann der Rest der Seite angezeigt.

Zum schrittweisen Enthüllen von Informationen haben viele Umgebungen und Befehle ein weiteres Argument bekommen. Dieses enthält eine *Overlay*-Beschreibung die in spitzen Klammern eingeschlossen ist. Eine Zahl (z. B. `<1>`) bedeutet, dass der Inhalt nur im n-ten Schritt enthüllt ist. Eine Zahl gefolgt von einem Minuszeichen (z. B. `<2->`) bedeutet, dass der Inhalt von diesem Schritt an enthüllt ist. Die Zeichenkombination Plus-Minus (`<+->`) bedeutet, dass die einzelnen Elemente in der Reihenfolge ihres Auftretens enthüllt werden.

```
\begin{itemize}<+->
\item Diese Aufz"ahlung
\item wird Schritt f"ur Schritt
\item enth"ullt
\end{itemize}
```

Bsp. 12.10: Schrittweises Enthüllen einer Aufzählung

Die verhüllten Elemente sind in der Voreinstellung gänzlich unsichtbar; mit dem Befehl

`\setbeamercovered{transparent}`,

der in der Präambel steht, werden sie nur ausgegraut.

12.5.6 Ausdrucke

beamer

Eine mit dem Paket beamer erstellte Präsentation kann auf zwei Weisen ausgedruckt werden: einerseits als Tischvorlage mit verkleinert ausgedruckten Bildschirmseiten, andererseits als Artikel. Zum Ausdrucken als Tischvorlage wird einfach die Option handout eingesetzt. Zum Ausdrucken als Artikel wird die Klasse article mit dem Paket beamerarticle verwendet.

article
beamerarticle

Tischvorlage

```
\documentclass[handout]{beamer}
```

Artikel

```
\documentclass[a4paper]{article}
\usepackage{beamerarticle}
```

Bsp. 12.11: Ausdrucken einer Präsentation

12.5.7 Vorlagen

beamer

Die Klasse beamer wird zusammen mit fertigen Vorlagen ausgeliefert. Es gibt Vorlagen, die die Erstellung einer Präsentation unter Lyx erleichtern und LaTeX-Quelldateien, in denen alle wichtigen Gliederungselemente fertig enthalten sind. Die Dokumentation [Tantau 2007] ist sehr ausführlich und lesenswert.

Kapitel 13

Fehler

13.1 Tippfehler in Befehlen

Ein Tippfehler in einem Befehl führt meistens dazu, dass ein undefinierter Befehlsname entsteht. Darauf reagiert TEX, indem es anhält und die fehlerhafte Zeile anzeigt. Diese Zeile enthält eine »Treppenstufe« nach dem vertippten Befehl. Jeweils das letzte Wort vor dieser Treppenstufe kennzeichnet den Platz, an dem der Fehler offenbar wurde.

Fehlerhafte Eingabe:

```
Ein Tippfehler im Befehl \TEX hat diese Folge
```

Fehlerdialog (ausführlich):

```
! Undefined control sequence.
l.3 Ein Tippfehler im Befehl \TEX
                                  hat diese Folge
? ?
Type <return> to proceed, S to scroll future error messages,
R to run without stopping, Q to run quietly,
I to insert something, E to edit your file,
1 or ... or 9 to ignore the next 1 to 9 tokens of input,
H for help, X to quit.
? h
The control sequence at the end of the top line
of your error message was never \def'ed. If you have
misspelled it (e.g., `\hobx'), type `I' and the correct
spelling (e.g., `I\hbox'). Otherwise just continue,
and I'll forget about whatever was undefined.
? x
No pages of output.
Transcript written on f1.log.
```

Bsp. 13.1: Tippfehler in einem Befehl

Bei Eingabe eines Fragezeichens verrät TEX, welche Aktionen möglich sind. Die Eingabe eines (großen oder kleinen, das spielt hier keine Rolle) `H` gibt eine ausführlichere Hilfe und sagt, was TEX selbst zur Behandlung dieses Fehlers tun wird. Die Hilfe wirkt altertümlich, denn TEX sagt nicht noch einmal, welcher Befehl falsch geschrieben wurde und macht auch keinen konkreten Korrekturvorschlag. Es gibt nur ein Beispiel mit dem primitiven TEX-Befehl `\hbox`, der in LATEX gar nicht verwendet werden sollte. Entwicklungsumgebungen für LATEX – etwa der Auctex-Modus für den Editor emacs – kennen deshalb eine Liste von LATEX-Befehlen und helfen bei der Korrektur besser.

Mit einem `X` lässt sich der LATEX-Lauf abbrechen und mit einem `E` lässt sich direkt in den Editor springen, um den Fehler in der Eingabedatei zu verbessern.

Durch Drücken der Return-Taste lässt sich der Fehler übergehen, um ihn später zu verbessern.

Die Eingabe von `S` (*scrollmode*) bewirkt, dass weitere Fehler zwar noch angezeigt werden, TEX aber nicht mehr anhält. Es gibt eine Ausnahme, TEX hält noch an, wenn eine benötigte Datei fehlt. Mit der Eingabe von `R` hält TEX nicht einmal in diesem Fall an.

Die Eingabe von `Q` – das heißt hier *quiet*, nicht etwa *quit* – bewirkt, dass LATEX den Rest des Textes weiter bearbeitet, aber keine Information über Fehler mehr auf dem Terminal ausgibt. Die anderen Reaktionsmöglichkeiten zielen darauf ab, den Fehler nur für diesen einen LATEX-Lauf interaktiv zu korrigieren.

Alle Fehlermeldungen werden in der Protokolldatei mitgeschrieben. In dieser Datei befindet sich auch *immer* die Hilfe, die TEX mit `H` gegeben hätte.

13.2 Kein Ende des Dokumentes

Bei verschiedenen Fehlern findet LATEX das Ende des Dokumentes nicht. In diesem Fall meldet sich TEX mit dem interaktiven Prompt `*`. Dieser Fall tritt dann auf, wenn der Befehl `\end{document}` ganz vergessen wurde oder – das ist heimtückischer – falsch geschrieben wurde.

Im folgenden Beispiel fehlt der einleitende Rückwärtsschrägstrich.

Fehlerhafte Eingabe:

```
\documentclass{article}
\begin{document}
end{document}
```

Reaktion von TEX:

```
*
(Please type a command or say '\end')
*\end{document}
[1] (f6.aux)
```

Bsp. 13.2: Auf einmal erscheint ein Stern als Prompt

Dieser Fehler tritt auch gerne als *Folgefehler* anderer Fehler auf. Sollte die Eingabe von `\end{document}` nicht zum Ende des LATEX-Laufes führen, so hilft `\stop`. Im Prinzip ist es möglich, LATEX interaktiv zu benutzen und auf den Prompt * beliebigen Text oder Befehle einzugeben.

13.3 Kein Anfang des Dokumentes

Wenn der Befehl `\begin{document}` vergessen wurde oder wenn Text in der Präambel des Dokumentes steht, meldet sich LATEX mit einem Fehler. Da dieser Fehler sehr viele Folgefehler nach sich zieht, empfiehlt es sich, an dieser Stelle abzubrechen (durch die Eingabe von `X`) und die Eingabe zu verbessern.

Im Gegensatz zu den bisher behandelten Fehlermeldungen kommt die Fehlermeldung von LATEX selbst und nicht vom darunterliegenden TEX. Dies ist am Anfang der Fehlermeldung

```
! LaTeX Error:
```

erkennbar.

Fehlerhafte Eingabe:

```
\documentclass{article}
begin{document}
```

Fehlermeldung:

```
! LaTeX Error: Missing \begin{document}.

See the LaTeX manual or LaTeX Companion for
explanation.
Type  H <return>  for immediate help.
 ...
l.2 b
     egin{document}
```

Bsp. 13.3: Kein Anfang des Dokumentes

13.4 Fehler mit Umgebungen

LaTeX überprüft, ob Umgebungen richtig ineinander geschachtelt sind und ob der `\end`-Befehl zum `\begin`-Befehl passt. Ist dies nicht der Fall, so erscheint eine LaTeX-Fehlermeldung.

Fehlerhafte Eingabe:

```
\begin{itemize}
\item Erster Punkt
\end{enumerate}
```

LaTeX-Fehlermeldung:

```
! LaTeX Error: \begin{itemize} on input line 3
ended by \end{enumerate}.

See the LaTeX manual or LaTeX Companion for
explanation.
Type  H <return>  for immediate help.
 ...
l.5 \end{enumerate}
```

Bsp. 13.4: Umgebungsfehler

LaTeX sagt in diesem Fall, in welcher Zeile der unpassende \begin-Befehl zu finden ist und um welche Umgebung es sich handelt. Die Treppenstufe ist diesmal unsichtbar, weil der Fehler erst am Zeilenende offenbar wurde. Normalerweise lässt sich der LaTeX-Lauf mit <return> fortsetzen.

13.5 Vergessene oder überflüssige Schweifklammern

Auf eine vergessene öffnende Schweifklammer oder eine überzählige schließende Schweifklammer reagiert TeX mit der Fehlermeldung ! Too many '}'s. In diesem Fall kann die Fehlerursache ein Stück vor der Stelle liegen, wo der Fehler schließlich offenbar wird. Im folgenden Beispiel sind es nur wenige Anschläge vorher, aber der Abstand kann durchaus größer sein.

Fehlerhafte Eingabe:

```
von \AE}r\o{} nach Langeland
```

Fehlermeldung:

```
! Too many '}'s.
l.3 von \AE}
            r\o{} nach Langeland
? H
You've closed more groups than you opened.
Such booboos are generally harmless, so keep going.
```

Bsp. 13.5: Vergessene öffnende Schweifklammer

TeX verrät noch freundlicherweise, dass dieser Fehler normalerweise harmlos ist.

Eine vergessene schließende Schweifklammer führt meist nicht einmal zu einem echten Fehler, sondern stattdessen zu einer Warnung am Ende des LaTeX-Laufes.

Fehlerhafte Eingabe:

```
von {\AE}r\o{ nach Langeland
```

Bsp. 13.6: Vergessene schließende Klammer (1)

Reaktion von TEX:

```
(\end occurred inside a group at level 1)
```

Auch dieser Fall ist normalerweise harmlos. Ein Blick in den Ausdruck (am besten am Bildschirm) zeigt manchmal allerdings unerwünschte Resultate und hilft die fehlende Klammer einzufangen.

Leider verrät TEX nicht, wo die offen gebliebene Klammer steckt. Die Suche (etwa mit eingefügten schließenden »Testklammern«) kann daher einige Zeit dauern. Das Programm ε-TEX (siehe Abschnitt 15.1.2 auf Seite 186) gibt hier bessere Informationen.

Fehlerhafte Eingabe:

```
Hier steht {\itshape hervorgehobener Text

Hier soll eigentlich wieder normaler Text
stehen, aber \dots
```

Bsp. 13.7: Vergessene schließende Klammer (2)

Die Folge ist:
Hier steht *hervorgehobener Text*

Hier soll eigentlich wieder normaler Text stehen, aber ...

Fehlende Klammern bei den Argumenten von Befehlen werden in den meisten Fällen am Ende des Absatzes entdeckt. Das folgende Beispiel stellt die typische Situation dar.

Fehlerhafte Eingabe:

```
siehe auch Anhang~\ref{anh:ts1 auf
Seite~\pageref{anh:ts1}.

Und hier gehts es weiter im Text.
```

Fehlermeldung:

```
Runaway argument?
{anh:ts1 auf Seite~\pageref {anh:ts1}.
! Paragraph ended before \ref was complete.
<to be read again>
                   \par
l.5

? h
I suspect you have forgotten a }', causing me
to read past where you wanted me to stop.
I'll try to recover; but if the error is serious,
you'd better type 'E' or 'X' now and fix your file.
```

Bsp. 13.8: Fortlaufendes Argument (1)

TEX verrät, welcher Befehl im Absatz vor der Leerzeile oder dem expliziten Befehl `\par` noch nicht abgeschlossen ist. Die Korrektur ist in diesem Fall einfach.

Viele Befehle von LATEX können »lange« Argumente haben. In diesem Fall wird das fortlaufende Argument leider erst sehr spät bemerkt; entweder am Ende des Textes oder wenn der Speicher von TEX überläuft.

Leider kann TEX bei der Eingabe von `E` in dieser Situation nicht an die Stelle zurückspringen, wo das fortlaufende Argument begann. Aber es gibt genug Text von der kritischen Stelle aus, so dass sich diese in der Eingabe leicht finden lässt. Auch der Name des langen Befehls erscheint in der Fehlermeldung.

Fehlerhafte Eingabe:

```
Text \emph{hervorgehobener Text

Hier beginnt ein neuer Absatz.

Und hier endet der Text.
\end{document}
```

Reaktion von LaTeX (gekürzt):

```
Runaway argument?
{hervorgehobener Text \par Hier be[...]\ETC.
! File ended while scanning use of \emph .
<inserted text>
                \par
<*> f3

? h
I suspect you have forgotten a `}', causing me
to read past where you wanted me to stop.
I'll try to recover; but if the error is serious,
you'd better type `E' or `X' now and fix your file.

?

*\end{document}
```

Bsp. 13.9: Fortlaufendes Argument (2)

Obwohl die Eingabedatei den Befehl `\end{document}` enthielt, entstand hier der Folgefehler, dass LaTeX das Ende des Textes nicht finden konnte und der Stern als Prompt auftrat.

13.6 Überraschender Fehler

Dieser Fehler tritt im Argument von Befehlen, die Text »bewegen«, auf. Solche bewegenden Befehle sind die Gliederungsbefehle `\part`, `\chapter`, `\section` usw., `\footnote` und `\caption`. Außerhalb dieser Befehle ist die Eingabe völlig richtig, innerhalb dieser Befehle tritt aber eine Fehlermel-

Modus um. Alles Folgende wird nun ebenfalls im mathematischen Modus gesetzt, bis ein weiterer Fehler oder ein Absatzende auftaucht. Dies fällt in der Ausgabe stark auf, da alles ohne Lücken und kursiv gesetzt wird.

Fehlerhafte Eingabe:

```
Sei \alpha\ eine reelle Zahl, \dots
```

Fehlermeldungen:

```
! Missing $ inserted.
<inserted text>
                $
l.3 Sei \alpha
              \ eine reelle Zahl, \dots
? h
I've inserted a begin-math/end-math symbol since I
think you left one out. Proceed, with fingers
crossed.

?
! Missing $ inserted.
<inserted text>
                $
l.4

?
```

Bsp. 13.11: Ein mathematischer Befehl im Text

Ausgabe:

Sei $\alpha\ eine reelle Zahl, \dots$

Auch der umgekehrte Fall kann auftreten, wenn eine Leerzeile oder der Befehl `\par` in einer mathematischen Formel vorkommen. Im unten stehenden Beipiel zieht dies etwa zehn Folgefehler nach sich. Falls die Leerzeile zur übersichtlichen Gestaltung der Eingabe gedacht war, empfiehlt es sich stattdessen eine Kommentarzeile zu verwenden.

Fehlerhafte Eingabe:

```
\begin{align}
2x + y &= 8 \\

 x +3y &= 9
\end{align}
```

Fehlermeldung:

```
! Missing $ inserted.
<inserted text>
                $
l.5

?
```

Abhilfe:

```
\begin{align}
2x + y &= 8 \\
%
 x +3y &= 9
\end{align}
```

Bsp. 13.12: Leerzeile im mathematischen Modus

Auch einige LaTeX-Befehle lassen sich nicht im mathematischen Modus verwenden. Dies führt dann zu einer LaTeX-Fehlermeldung, der Befehl wird ignoriert. Andere LaTeX-Befehle verursachen nur eine Warnung im mathematischen Modus. Im folgenden Beispiel ist `\scshape` ein im mathematischen Modus nicht verwendbarer Befehl, `\textcircled` hingegen ruft nur eine Warnung hervor.

Bei einer Warnung hält TeX nicht an. Der Text der Warnung wird aber am Terminal angezeigt und ist auch in der Protokolldatei zu finden. Die Warnung kommt von LaTeX, was an der Einleitung

```
LaTeX Warning:
```

erkennbar ist.

Fehlerhafte Eingabe:

```
$\scshape A \textcircled{a} B$
```

LaTeX-Fehlermeldung und Warnung:

```
! LaTeX Error: Command \scshape invalid in
math mode.

See the LaTeX manual or LaTeX Companion for
explanation.
Type  H <return>  for immediate help.
 ...

l.3 $\scshape
               A \textcircled{a} B$
? h
Please define a new math alphabet
if you want to use a special font in
math mode.
?

LaTeX Warning: Command \textcircled invalid
in math mode on input line 3.

(/usr/local/teTeX/texmf/tex/latex/base/omscmr.fd)

LaTeX Warning: Command \textcircled invalid in
math mode on input line 3.
```

Bsp. 13.13: Verbotene LaTeX-Befehle im mathematischen Modus

Ausgabe: ⓐB

13.8 Fehler bei der Formeleingabe

13.8.1 Hoch- und Tiefgestelltes

Die Eingabe `$a^b^c$` ist mehrdeutig. Ist das hochgestellte c auf das b bezogen und damit ganz klein oder bezieht es sich auf die ganze Formel a^b? Durch geeignete Klammerung wird die Formel eindeutig.

Fehlerhafte Eingabe:

```
$a^b^c$
```

Fehlermeldung:

```
! Double superscript.
l.3 $a^b^
          c$
? h
I treat ‘x^1^2’ essentially like ‘x^1{}^2’.

?
```

Abhilfe:

$a^{b}{}^{c}$	`$a^b{}^c$`
$(a^b)^c$	`$(a^b)^c$`
a^{b^c}	`$a^{b^c}$`

Bsp. 13.14: Doppeltes Hochstellen

Das oben Gesagte gilt genauso für doppeltes Tiefstellen.

13.8.2 Fehler bei wachsenden Klammern

Wird die Klammergröße mit den Befehlen `\left` und `\right` automatisch angepasst, müssen diese beiden Befehle in derselben Gruppe stehen. Außerdem darf zwischen den beiden Befehlen kein Zeilenumbruch erfolgen. Ist dies nicht der Fall, entsteht ein Fehler. Die Abhilfe erfolgt normalerweise durch das Einfügen von unsichtbaren wachsenden Klammern mit den Befehlen `\right.` und `\left.`.

Manchmal sind die Formeln in den beiden Zeilen ungleich hoch, so dass die angepassten Klammern unterschiedliche Größen bekommen. Mit dem Befehl `\vphantom`, in dessen Argument die höchste Teilformel kommt, kann man auf unsichtbare Art und Weise die Höhe anpassen.

Fehlerhafte Eingabe:

```
\begin{equation}
  \begin{split}
f(x) &= a\left( x +\frac{x^2}{2!} +\\
     &\quad  +\frac{x^4}{4!} +\cdots\right)
  \end{split}
\end{equation}
```

Fehlermeldungen (gekürzt):

```
! Extra }, or forgotten \right.

! Missing \right. inserted.
<inserted text>
                \right .
```

Verbesserte Eingabe:

```
\begin{equation}
  \begin{split}
f(x) &= a\left( x +\frac{x^2}{2!} +\right. \\
     &\quad \left. {}+\frac{x^4}{4!} +\cdots\right)
  \end{split}
\end{equation}
```

Bsp. 13.15: Fehler bei wachsenden Klammern

13.8.3 Fehler im Gleichungssystem

Fängt eine Folgegleichung mit einer eckigen Klammer an, so tritt leicht der folgende Fehler auf. TEX erwartet zuerst eine Zahl und dann eine Maßeinheit. Er beruht darauf, dass der Befehl \\ ein optionales Argument in eckigen Klammern haben kann, welches einen zusätzlichen Abstand am Zeilenumbruch angibt. Natürlich muss dieser Abstand ein Maß sein, das aus einer Zahl und einer Maßeinheit besteht.

Die Abhilfe besteht darin, zwischen dem Befehl \\ und der öffnenden eckigen Klammer eine leere Gruppe einzufügen.

Fehlerhafte Eingabe:

```
\begin{align}
\{A,B\} &:= AB+BA\\
 [A,B]  &:= AB-BA
\end{align}
```

Fehlermeldung:

```
! Missing number, treated as zero.
<to be read again>
                   A
l.5  [A,B]
            &:= AB-BA
?
! Illegal unit of measure (pt inserted).
<to be read again>
                   A
l.5  [A,B]
            &:= AB-BA
?
```

Abhilfe:

```
\begin{align}
 \{A,B\} &:= AB+BA\\
{}[A,B]  &:= AB-BA
\end{align}
```

Bsp. 13.16: Übersehenes optionales Argument von \\

13.9 Fehler bei der Tabelleneingabe

Der häufigste Fehler bei der Tabelleneingabe ist es, in einer Zeile zu viele Spaltentrenner zu haben. Die Fehlermeldung kommt direkt von TEX, welches die Zeile am überzähligen Spaltentrenner beendet und eine neue Zeile anfängt. Da dadurch der inhaltliche Zusammenhang der Tabelle sicher gestört wird, ist der Fehler in der Eingabedatei zu beheben. Ursache ist entweder ein vergessenes Zeilenende \\ oder tat-

dung auf. Typisch für diese Fehlermeldung ist das Erscheinen interner LaTeX-Befehle mit einem Arrobazeichen @ im Befehlsnamen.

Abhilfe schafft der Befehl \protect, der unmittelbar vor den »zerbrochenen« Befehl gestellt werden muss. Als Faustregel gilt, dass alle LaTeX-Befehle, die ein optionales Argument haben können, zerbrechlich sind und in bewegten Argumenten mit dem Befehl \protect geschützt werden müssen.

Fehlerhafte Eingabe:

```
\caption{Erste Zeile\\
        Zweite Zeile}
```

Die Fehlermeldung (gekürzt):

```
! Undefined control sequence.
\\->\let \reserved@e
                   \relax \let \reserved@f [...]
\reserved...
l.5         Zweite Zeile}
```

Abhilfe:

```
\caption{Erste Zeile\protect\\
        Zweite Zeile}
```

Bsp. 13.10: Überraschender Fehler

13.7 Modusfehler

TeX unterscheidet zwei wesentliche Modi, den Textmodus und den mathematischen Modus. Viele Befehle sind nur im mathematischen Modus gültig, einige andere Befehle dürfen nur im Textmodus vorkommen. TeX benutzt das Vorkommen dieser Befehle, um festzustellen, ob eine Formel versehentlich nicht richtig ausgezeichnet wurde.

Wird ein mathematischer Befehl im Textmodus verwendet, so schaltet TeX automatisch in den mathematischen

sächlich eine überzählige Spalte. Eventuell ist auch die Spaltenerklärung unvollständig.

Fehlerhafte Eingabe:

```
\begin{tabular}{cc}
1 & 2 & 3
\end{tabular}
```

TEX-Fehlermeldung:

```
! Extra alignment tab has been changed to \cr.
<recently read> \endtemplate
```

Bsp. 13.17: Zu viele Spaltentrenner

```
1.4 1 & 2 &
            3
```

Kapitel 14

Das Korrekturlesen

14.1 Reihenfolge der Korrekturen

Bei der Korrektur empfiehlt es sich, die folgende Reihenfolge einzuhalten:

1. Korrektur des Textes (Vollständigkeit, Tippfehler etc.)
2. Korrektur des Absatzumbruchs (Trennungen, überlange Zeilen etc.)
3. Korrektur des Seitenumbruchs (Schusterjungen und Hurenkinder, Platzierung der Tabellen und Bilder etc.)

Diese Reihenfolge hat ihren Sinn darin, dass eine Korrektur auf einer niedrigeren Ebene die folgenden Ebenen beeinflußt. Ein zusätzliches oder geändertes Wort verändert den Absatzumbruch, der veränderte Absatzumbruch beeinflusst wiederum den Seitenumbruch und die Platzierung der Bilder und Tabellen.

14.2 Korrektur des Textes

Da der Schreibende für seine eigenen Fehler blind ist, ist es ratsam, den fertigen Text von einer unbeteiligten Person gegenlesen zu lassen. Auch Rechtschreibprogramme können helfen, die Tippfehler schnell zu finden und zu korrigieren. Unter Linux und anderen UNIX-Systemen ist das Programm aspell frei verfügbar, allerdings lässt die Qualität der erhältlichen deutschen Wörterbücher für aspell noch zu wünschen übrig. Auch sind die deutschen Wörterbücher für Rechtschreibprogramme sehr unvollständig. Dies führt dazu, dass viele richtig geschriebene Wörter bemängelt werden.

Falls aspell nicht aus dem Editor oder der Entwicklungsumgebung aufgerufen werden kann, lässt es sich mit folgender Kommandozeile starten:

```
aspell -t -d de -c file
```

Hierbei bedeutet der Schalter `-t`, dass aspell im TeX-Modus arbeitet und LaTeX-Befehle nicht als falsch geschriebene Wörter ansieht. Mit `-d` wird das Wörterbuch ausgewählt.

14.3 Korrektur des Absatzumbruchs

14.3.1 Trennungen

Die automatische Trennung durch LaTeX liefert zwar sehr gute Ergebnisse, ist aber nicht unfehlbar. Aus diesem Grund sollten alle Trennungen bei der Korrektur besonders beachtet werden. Neben echten Trennfehlern kommt es oft auch zu Trennungen an einer ungünstigen Stelle, wodurch der Leser irritiert wird (z. B. Spargel-der).

Trennausnahmen können mit dem Befehl `\hyphenation` für das ganze Dokument vereinbart werden. Dieser Befehl hat eine Liste explizit getrennter Wörter, die durch Leerzeichen voneinander abgegrenzt sind, als Argument. Wenn die ec-Schriften benutzt werden, sind im Argument des Befehls `\hyphenation` auch die Umlaute und das scharfe S erlaubt. Groß- und Kleinschreibung spielt hier keine Rolle, es ist aber notwendig, alle verschiedenen gebeugten Formen einzeln anzugeben. Die so angegebenen Wörter können an den vorgegebenen Trennstellen und nur dort getrennt werden. Wird gar keine Trennstelle angegeben, so ist das Wort für TeX untrennbar.

Bsp. 14.1: Trennausnahmen

```
\hyphenation{trenn-aus-nah-me trenn-aus-nah-men}
\hyphenation{ur-instinkt spar-gelder}
```

Im laufenden Text können *Trennhilfen* gegeben werden, die nur für diese eine Stelle gelten. Hierbei ist die Trennhilfe `\-` eine ausschließliche Trennhilfe, d. h. sie verhindert gleichzeitig Trennungen an anderen Stellen des Wortes. Die

ngerman

Trennhilfen aus dem Paket `ngerman`, wie etwa `"-`, erlauben auch die Trennung an anderen Stellen. Diese Trennhilfen sind in Anhang A.4 auf Seite 194 im Detail besprochen.

Zur Unterdrückung einer Trennung oder eines unerwünschten Zeilenumbruchs dient der Befehl `\mbox`. Das Argument dieses Befehls kann nicht auf zwei Zeilen verteilt werden. Anstelle von `\mbox` kann auch der Befehl `\nolbreaks` aus dem Paket `nolbreaks` von Donald Arseneau verwendet werden. Im Vergleich zu `\mbox` hat dieser Befehl den Vorteil, dass Leerzeichen im Argument des Befehls dehnbar bleiben, wodurch die Zeilen ausgeglichener aussehen.

nolbreaks

Wörter in `Schreibmaschinenschrift` werden von LaTeX normalerweise nicht getrennt. Mit dem Paket `hyphenat` von Peter Wilson werden auch Wörter in Schreibmaschinenschrift getrennt, wenn der Befehl `\touchttfonts` einmal am Anfang des Dokuments eingegeben wurde.

hyphenat

Untrennbar ist auch das Zitat einer Literaturangabe, das mit dem Befehl `\cite` erzeugt wird. Das kann bei der Benutzung langer Zitate wie [Knappen 2009] zu Umbruchschwierigkeiten führen. Abhilfe kann hier das Paket `cite` von Donald Arseneau schaffen.

cite

14.3.2 Zu lange Zeilen

Die Warnung `Overfull \hbox` bedeutet in der Regel, dass eine Zeile zu lang ist und in den Rand hineinragt. Die Überlänge wird in Punkt angeben und muss korrigiert werden, außer es handelt sich nur um sehr wenige Punkt (ein bis zwei). Die Vorgehensweise ist dabei folgende:

Verwendung der europäischen Schriften LaTeX trennt deutschsprachige Texte *erheblich* besser, wenn die europäischen Schriften verwendet werden. Diese werden durch `\usepackage[T1]{fontenc}` eingebunden.

Einfügen von Trennhilfen Meistens hat TeX keine geeignete Trennstelle gefunden, so dass es keinen passenden Zeilenumbruch gibt. Im Besonderen ist dies bei Bindestrichwörtern der Fall, die ohne zusätzliche Hilfe nur am Bindestrich, aber nirgendwo sonst getrennt werden können. In diesem Fall hilft die Trennhilfe `""` aus dem Paket `ngerman`.

ngerman

TeX betrachtet beim Umbruch immer den *ganzen Absatz.* Es kann daher hilfreich sein, nicht nur in der schlechten Zeile sondern auch an anderen Stellen des Absatzes Trennhilfen einzufügen.

Umformulieren des Textes In hartnäckigen Fällen ist es oft ratsam, den Text leicht umzuformulieren (Umstellen von Wörtern, Einfügen oder Löschen eines Wortes), um die überlange Zeile umbrechen zu können.

Letzte Hilfe Ist ein Umformulieren des Textes nicht möglich, so verbleibt als letzte Hilfe die `sloppypar`-Umgebung. Dazu wird der ganze Absatz in `\begin{sloppypar}` ... `\end{sloppypar}` eingeschlossen. Dies führt zu einem loseren Satz als normal und ist daher nur als letzte Nothilfe gedacht.

14.3.3 Zu große Wortabstände

Die Warnung `Underfull \hbox` bedeutet, dass TEX gezwungen war, die Abstände zwischen den Wörtern mehr oder weniger unschön zu vergrößern – im Gegensatz zu Wortprozessoren vergrößert TEX niemals die Buchstabenabstände *innerhalb* eines Wortes. Die Schlechtigkeit der Zeile wird durch `badness` angegeben. Ein Wert von 10 000 bedeutet unendliche Schlechtigkeit. Diese Unschönheiten lassen sich mit denselben Mitteln wie bei den überlangen Zeilen beheben.

14.4 Korrektur des Seitenumbruchs

14.4.1 Schusterjungen und Hurenkinder

Als Schusterjunge wird in der Fachsprache die erste Zeile eines Absatzes bezeichnet, wenn sie gleichzeitig die letzte Zeile der Seite ist. Ein Hurenkind ist die letzte Zeile eines Absatzes, die gleichzeitig die erste Zeile einer Seite ist.

Während Hurenkinder einhellig als besonders schlecht beurteilt werden, werden Schusterjungen differenzierter betrachtet. Ihre Entfernung produziert mehr Hässlichkeit an anderer Stelle (ungleich lange Seiten oder zu viel weißer Platz auf einer Seite). Andererseits sind sie nicht so störend, da der Satzspiegel durch sie nicht beeinträchtigt wird und der Leser vom angefangenen Satz auf die nächste Seite weitergeführt wird.

Es gibt zwei Parameter, mit denen sich die Häufigkeit von Schusterjungen und Hurenkindern steuern lässt. Ein Wert von 0 »Strafpunkten« bedeutet dabei keine Unterdrückung, ein Wert von 10 000 absolute Unterdrückung. Die Parameter sind `\clubpenalty` für Schusterjungen und `\widowpenalty` für Hurenkinder.

Voreinstellungen von LaTeX:

```
\clubpenalty=150
\widowpenalty=150
```

In diesem Buch benutzte Werte:

```
\clubpenalty=4500 %   Weniger Schusterjungen
\widowpenalty=10000 % Keine Hurenkinder
```

Bsp. 14.2: Die Strafpunkte für Schusterjungen und Hurenkinder

Mit den Befehlen `\raggedbottom` und `\flushbottom` lässt sich steuern, ob die Seiten immer gleich hoch sein sollen (*flushbottom*) oder ob unterschiedliche Seitenhöhen (*raggedbottom*) zugelassen sind.

Die Voreinstellung der LaTeX-Standardklassen `article` und `report` ist *raggedbottom*, die Klasse `book` gleicht einander gegenüberliegende gerade und ungerade Seiten aus.

`article`
`report`
`book`

Mit dem Befehl `\enlargethispage` lässt sich eine Seite im Notfall um eine Zeile verlängern oder verkürzen. Falls gegenüberliegende Seiten in ihrer Höhe ausgeglichen sind, sollte der Befehl `\enlargethispage` auf beiden Seiten jeweils einmal angewandt werden. Es ist klar, dass derartige Feinkorrekturen erst dann eingefügt werden, wenn sich sonst nichts mehr am Text ändert. Der Zeilenabstand wird dabei durch den Befehl `\baselineskip` gegeben.

```
\enlargethispage{\baselineskip}
% Verlängert die Seite um eine Zeile
\enlargethispage{-\baselineskip}
% Verkürzt die Seite um eine Zeile
```

Bsp. 14.3: Verlängern und Verkürzen von Seiten

Manchmal ist es nötig, den Seitenumbruch von Hand festzulegen. Hierzu lassen sich die Befehle `\newpage`, `\clearpage` und `\cleardoublepage` verwenden.

Der Befehl `\newpage` erzeugt einen erzwungenen Seitenumbruch. Er hat keine Auswirkungen auf noch nicht platzierte Tabellen und Abbildungen.

Der Befehl `\clearpage` erzeugt nicht nur einen erzwungenen Seitenumbruch, sondern erzwingt auch die Ausgabe aller wartenden Tabellen und Abbildungen.

Der Befehl `\cleardoublepage` erzeugt ebenfalls einen erzwungenen Seitenumbruch und erzwingt die Ausgabe aller wartenden Tabellen und Abbildungen. Falls es dann nicht auf einer ungeraden Seite weitergeht, erzeugt er eine zusätzliche Leerseite.

14.4.2 Platzierung von Abbildungen und Tabellen

Abbildungen und Tabellen, die sich nicht an der gewünschten Position befinden, können durch Änderung des optionalen Argumentes der Umgebungen `figure` bzw. `table` verschoben werden. Hierbei ist zu beachten, dass eine Abbildung oder Tabelle niemals eine andere »überholen« kann. In ungünstigen Fällen schiebt also eine Abbildung alle anderen Bilder vor sich her.

In diesem Fall ist die Option »`!`« besonders nützlich, da sie alle durch die Dokumentenklasse vorgegebenen Einschränkungen an die Platzierung vorübergehend aufhebt.

Ein besonderer Fall sei hier noch eigens erwähnt: die »gestrandete« Tabelle (oder Abbildung) am Ende eines Kapitels. Diese ist in der Eingabedatei hinter jedem Text des Kapitels oder vor dem letzten Absatz des Kapitels eingefügt. Da LaTeX eine Tabelle aber nicht auf eine Seite *vor* dem zugehörigen Text bewegen kann, bleibt als einzige Alternative das Ende des Kapitels, wo sich die Tabelle dann am Fuß der Seite oder gar auf der Folgeseite befindet.

Die Abhilfe ist hier, die Tabelle in der Eingabe ein Stück weiter vorne zu platzieren, so dass eine gute Positionierung möglich wird.

Kapitel 15

Die Zukunft von LaTeX

In diesem Kapitel werden einige Neuerungen rund um LaTeX vorgestellt. Die neuen Motoren für LaTeX erweitern die Fähigkeiten des Programmes TeX, auf dem LaTeX aufsetzt. Grafische Benutzeroberflächen erleichtern die fehlerfreie Eingabe von LaTeX-Dokumenten. Zu guter Letzt gibt es auch Pläne, LaTeX selbst zu verbessern und zu ergänzen, dies ist Ziel des LaTeX3-Projektes.

15.1 Neue Motoren für LaTeX

TeX selbst wird nicht mehr weiterentwickelt, und nur noch (inzwischen sehr seltene) Fehler werden von seinem Autor, Donald Knuth, in größer werdenden Zeitabständen verbessert. Die Quellen von TeX sind jedoch frei zugänglich und können von jedem Programmierer weiterentwickelt werden, solange das fertige Programm nicht TeX heißt. Die im folgenden vorgestellten Programme sind solche Weiterentwicklungen von TeX.

15.1.1 pdfTeX

Das Programm pdfTeX von Hàn Thế Thành erzeugt eine pdf-Datei als Ausgabe. Zusätzliche primitive Befehle geben Zugriff auf besondere Strukturen in der pdf-Datei wie Navigationselemente oder Hyperlinks.

LaTeX 2_ε und pdfTeX arbeiten hervorragend miteinander zusammen. Das Paket `hyperref` von Sebastian Rahtz und Heiko Oberdiek, das im Kapitel 12 besprochen ist, unterstützt pdfTeX. `hyperref`

15.1.2 ε-TeX

Bei ε-TeX (ausgesprochen: Eh-TeX) handelt es sich um eine relativ konservative Weiterentwicklung von TeX. Abwärtskompatibilität auf dem Niveau des `TRIP`-Testes ist angestrebt. Das E im Namen ε-TeX steht für evolutionär oder erweitert (*extended*).

Zur Zeit ist ε-TeX Version 2 für Rechner unter MS-DOS und Windows, OpenVMS und UNIX (web2c-TeX) erhältlich. Die Implementationen unter OpenVMS und auf dem PC dienen dabei als Referenzimplementationen.

Die meisten Erweiterungen von ε-TeX betreffen die in TeX eingebaute Programmiersprache und befinden sich damit nicht mehr im Rahmen dieses Buches. Interessant ist die Erweiterung auf den Satz von Schriften, die von rechts nach links verlaufen (hebräisch oder arabisch).

Eine weitere interessante Neuerung ist die Erweiterung von `\left` und `\right` um `\middle`. Hiermit ist es möglich, zwischen zwei Klammern in der Mitte einer Formel in ihrer Größe angepasste Zeichen einzufügen. Dies ist bislang nur in dem Ausnahmefall möglich, dass es sich bei dem mittleren Zeichen um eine senkrechte Linie handelt, ansonsten ist die Größenanpassung von Hand nötig.

$$\left. \frac{a}{b+1} \middle/ \frac{c}{d+1} \right.$$

Eingabe unter ε-TeX:

```
\begin{displaymath}
\left. \frac{a}{b+1} \middle/ \frac{c}{d+1} \right.
\end{displaymath}
```

Eingabe mit klassischem LaTeX:

```
\begin{displaymath}
\frac{a}{b+1} \bigg/ \frac{c}{d+1}
\end{displaymath}
```

Bsp. 15.1: Verwendung von `\middle` unter ε-TeX

Zur Größenanpassung von Hand dienen hierbei die Befehle `\big`, `\Big`, `\bigg` und `\Bigg`, die (in dieser Reihenfolge) vier verschiedene Größen des folgenden Zeichens anbieten. Bei diesem Zeichen muss es sich um ein Klammersymbol handeln (vgl. Tabelle 8.8 auf Seite 102).

$$\left\langle \frac{a}{b} \;\middle|\; O \;\middle|\; \frac{c}{d} \right\rangle$$

Eingabe unter ε-TEX:

```
\newcommand*\middlevert{\;\middle|\;}
\begin{displaymath}
\left< \frac{a}{b} \middlevert O
      \middlevert \frac{c}{d} \right>
\end{displaymath}
```

Eingabe mit klassischem LATEX:

```
\newcommand*\middlevert{\;\vrule\;}
\begin{displaymath}
\left< \frac{a}{b} \middlevert O
      \middlevert \frac{c}{d} \right>
\end{displaymath}
```

Bsp. 15.2: Wachsende senkrechte Linien

Mit `\vrule` lässt sich eine wachsende senkrechte Linie in LATEX erzeugen. Es sind – sowohl in klassischem LATEX als auch in ε-TEX – mehrere mittlere wachsende Linien möglich. Schließlich zeigt dieses Beispiel auch, dass sich die Eingabe der Formel selbst unabhängig vom darunterliegenden Programm gestalten lässt, lediglich die Definition des Befehls `\middlevert` sieht in den beiden Versionen unterschiedlich aus.

Es ist möglich, abzufragen, welche TEX-Version vorliegt, und einen Befehl in Abhängigkeit davon zu definieren. Hierzu dient die Abfrage, ob der Befehl `\eTeXversion` definiert ist.

```
\ifx\eTeXversion\undefined
  \newcommand*\middlevert{\;\vrule\;}%
\else
  \newcommand*\middlevert{\;\middle|\;}%
\fi
```

Bsp. 15.3: Test auf ε-TeX

braket

Für die im Beispiel verwendete Dirac-Notation gibt es das Paket **braket** von Donald Arseneau, das sowohl ε-TeX als auch klassisches TeX als Motoren unterstützt.

Ein weiterer Vorteil von ε-TeX ist die verbesserte Fehlerbehandlung bei vergessenen schließenden Schweifklammern: ε-TeX verrät, wo die zugehörige öffnende Klammer zu finden ist.

Das Programm pdfeTeX vereinigt die besonderen Eigenschaften von pdfTeX und ε-TeX.

15.1.3 TeX für Unicode

Die vorher beschriebenen Erweiterungen von TeX benutzen 8-Bit-Kodierungen für die Ein- und Ausgabe. Es gibt aber weit mehr als nur 256 verschiedene Schriftzeichen.

Unicode [Unicode 2003] ist ein Standard für die Kodierung aller Schriften der Welt einschließlich Chinesisch, Japanisch und Koreanisch.

Die Entwicklung von TeX-Motoren für Unicode hat eine längere und wechselvolle Geschichte. Am Anfang stand das Projekt Omega von Yannis Haralambous und John Plaice.

Omega erlaubt die Eingabe von Texten in beliebigen Kodierungen, die durch Filter auf Unicode umgesetzt werden. Omega hat ferner die Fähigkeit, mit komplizierten Schriften, die mehr als 256 Zeichen benötigen, umzugehen.

Omega ist in der Lage, Text in verschiedenen Richtungen zu setzen, von links nach rechts, von rechts nach links oder von oben nach unten.

Das Projekt Aleph vereinigte ausgewählte Eigenschaften von ε-TeX und Omega.

Sowohl Omega als auch Aleph werden nicht mehr aktiv weiterentwickelt. An ihre Stelle sind zwei neue Projekte getreten, XeTeX und LuaTeX. Beide Projekte sind heute noch als experimentell zu betrachten, wobei XeTeX das ausgereiftere der beiden darstellt.

XeTeX ist von Jonathan Kew für Mac OS X geschrieben worden und wurde später auf Linux und Windows portiert. Erwähnenswert ist die Unterstützung einer großen Zahl von Schrifttechnologien (OpenType, Apple Advanced Typography und Multiple Master Fonts). Die LaTeX-Version für XeTeX heißt XeLaTeX und akzeptiert ausschließlich utf-8 als Eingabe. Damit die Sonderzeichen in ihrer ASCII-Eingabe ebenfalls funktionieren, ist das Paket `xunicode` erforderlich, das die üblichen Befehle wie `\"a` oder `\ss` übersetzt. XeTeX ist in die Verteilung TeX Live integriert. `xunicode`

LuaTeX ist das ambitioniertere der beiden Projekte und baut auf pdfeTeX und Aleph auf. In LuaTeX ist die Skriptsprache Lua eingebettet. Es unterstützt digitale Schriften im OpenType Format. LuaTeX wird von der niederländischsprachigen TeX-Benutzergruppe (NTG) und der Colorado State University unterstützt. Eine stabile Version ist für das Jahr 2010 angekündigt.

15.2 Grafische Oberflächen für LaTeX

Für LaTeX gibt es grafische Benutzeroberflächen, die sogenanntes Pseudo-Wysiwyg[1] erlauben. Die Eingabe wird hierbei nicht als ASCII-Datei dargestellt, sondern gemäß ihrer Struktur angezeigt. Das heißt, dass Listen als solche dargestellt werden, Zitate eingerückt werden, Schriftwechsel nachvollzogen werden sowie Tabellen und Gleichungen angezeigt werden. Zeilen- und Seitenumbrüche können aber nicht aus der Bildschirmanzeige abgelesen werden.

Die Benutzeroberflächen besitzen grafische Werkzeuge zur Eingabe von Tabellen und Formeln, die mit Hilfe der Maus bedient werden können.

Scientific Workplace als kommerzielles Produkt für Windows sowie Lyx als freie Software für Linux sind Beispiele für solche Oberflächen.

Ein Nachteil dieser Oberflächen ist, dass sie am besten mit besonderen Dokumentenklassen, die auf diese Oberflä-

[1] Wysiwyg: What you see is what you get.

chen abgestimmt sind, arbeiten. Der Import eines beliebigen LaTeX-Dokumentes ist zwar möglich, dies kann aber von der Oberfläche nur sehr unvollkommen angezeigt werden.

Der Vorteil liegt in der Erleichterung der Eingabe, wobei besonders Fehler bei der Eingabe von Formeln und Tabellen vermieden werden können.

15.3 LaTeX 3

LaTeX 3 ist als Nachfolger von LaTeX 2_ε für die Zukunft geplant. Ziel des LaTeX 3-Projektes ist es, TeX und LaTeX weiteren Benutzergruppen zugänglich zu machen, wobei besonders professionelle Anwender gewonnen werden sollen. Dokumente, die in LaTeX 2_ε geschrieben wurden, sollen weiter verwendbar bleiben.

Es soll mehr Standard-Dokumentenklassen geben. Ein neues Layout soll einfacher als bisher in LaTeX umgesetzt werden können.

Weitere Gesichtspunkte bei der Entwicklung von LaTeX 3 sind eine größere Robustheit, bessere Fehlerbehandlung, Tabellen- und Grafikeinbindung sowie die Einbindung von Hypertextfähigkeiten.

LaTeX 3 wird von dem Team von Freiwilligen entwickelt, die auch LaTeX 2_ε pflegen und regelmäßig neue Versionen herausbringen.

Weitere Information über das LaTeX 3-Projekt und über den LaTeX 3-Fonds zur Unterstützung der Arbeit des LaTeX 3-Teams enthält die Datei `ltx3info.tex`, die jeder LaTeX 2_ε-Verteilung beiliegt.

Das LaTeX 3-Projekt hat einen Webauftritt unter

`http://www.latex-project.org`

Dort finden sich Neuigkeiten zu LaTeX und die LaTeX-Bug-Datenbank.

LaTeX und die deutsche Sprache

Dieses Kapitel beschreibt die Anpassungen von LaTeX an die deutsche Sprache. Alle Befehle aus den Paketen `german` und `ngerman` werden hier vorgestellt. Außerdem sind die Optionen `german` und `ngerman` des Paketes `babel` beschrieben.

`german` `ngerman` `babel`

A.1 Sprachen

Das Programm TeX kann (seit Version 3) zwischen verschiedenen Sprachen hin- und herschalten. Dabei wechselt TeX nur die Trennregeln aus. Heutige TeXInstallationen unterstützen eine große Anzahl von Sprachen, ohne dass eine weitere Anpassung erforderlich ist. Unter diesen Sprachen sind sowohl Deutsch mit alter Rechtschreibung (`german`) als auch Deutsch mit neuer Rechtschreibung (`ngerman`).

Alle weiteren Anpassungen stammen von LaTeX.

Etwa 20 Wörter (wie »Kapitel« und »Anhang«) werden von den LaTeX 2_ε-Dokumentenklassen verwendet. Diese Wörter werden übersetzt. Außerdem wird die Ausgabe des Datums (mit dem Befehl `\today`) übersetzt. Beim Datum gibt es eine österreichische Besonderheit, dort schreibt man nicht »Januar« sondern »Jänner«.

Verschiedene Sprachen haben unterschiedliche typografische Konventionen (siehe auch Kapitel 3). Deutsche Anführungszeichen unterscheiden sich von englischen oder französischen Anführungszeichen. Im Deutschen ist es – anders als im Englischen – nicht üblich, am Satzende einen größeren Zwischenraum als zwischen Wörtern im Satz zu lassen. Derartige Konventionen kann LaTeX 2_ε an die jeweilige Sprache anpassen.

Zum Schluss gibt es eine Reihe von Vereinfachungen der Eingabe. Für die deutsche Sprache gibt es daher Eingabehilfen für die Umlaute und das scharfe S, sowie Trennhilfen.

A.2 Auswahl der Sprache

Weil für die alte und die neue Rechtschreibung verschiedene Trennregeln gelten, sind Deutsch mit alter Rechtschreibung und Deutsch mit neuer Rechtschreibung zwei verschiedene Sprachen. Für die alte Rechtschreibung wird das Paket `german` verwendet, für die neue Rechtschreibung das Paket `ngerman`.

german
ngerman

Innerhalb des Paketes `german` lassen sich die folgenden Sprachen auswählen:

> `german` (das ist die Voreinstellung), `austrian`, `french`, `english` (britisches Englisch) und `USenglish` (amerikanisches Englisch)

Zur Auswahl der Sprache dient der Befehl `\selectlanguage`.

Bsp. A.1: Auswahl der österreichischen Sprache

31. Jänner 2004

```
\selectlanguage{austrian}
\today
```

Britisches und amerikanisches Englisch unterscheiden sich in der Art und Weise, wie das Datum angegeben wird.

Innerhalb des Paketes `ngerman` lassen sich die folgenden Sprachen auswählen:

> `ngerman` (das ist hier die Voreinstellung), `naustrian`, `french`, `english` (britisches Englisch) und `USenglish` (amerikanisches Englisch)

Deutsch heißt hier `ngerman` und Österreichisch `naustrian`.

Die meisten der im Folgenden beschriebenen Befehle sind für die beiden Pakete `german` und `ngerman` gleich.

german
ngerman

Viele Befehle des Paketes `german` beginnen mit dem Zeichen `"` anstelle des Rückwärtsschrägstriches. Dadurch wird eine kompakte Schreibweise erreicht, die auch bei einer Kodierung mit 7-Bit-Zeichen (US-ASCII) noch lesbar bleibt. Das Zeichen `"` selbst wird durch den Befehl `\dq` (*double quote*) erzeugt.

A.3 Umlaute, scharfes S, Sonderzeichen

Die Befehle `"a`, `"o` und `"u` erzeugen die Umlaute ä, ö und ü, die Großbuchstaben erhält man mittels `"A`, `"O` und `"U`. Der normale Befehl für das scharfe S ist `"s`, `"S` erzeugt die Umschrift des scharfen S in Großbuchstaben (SS). Wenn Verwechselungsgefahr besteht (etwa bei den Wörtern Maße und Buße), kann das scharfe s durch den Befehl `"z` eingegeben werden. In diesem Falle liefert eine Umsetzung in Großbuchstaben die Ersatzschreibweise SZ, die dem Befehl `"Z` entspricht. Auch die Buchstaben e mit Trema (ë) und i mit Trema (ï) können so vereinfacht eingegeben werden. Auch das E und das I mit zwei Punkten sind über analoge Befehle zugänglich. Das y mit Trema (ÿ) ist so rar – es kommt etwa in den Familiennamen von Croÿ und von Meÿenn vor –, dass es hierfür keinen Kurzbefehl gibt.

Für die deutschen Anführungszeichen gibt es die Befehle `"‘` und `"’`, die einfachen Anführungszeichen werden durch `\glq` (*german left quote*) und `\grq` (*german right quote*) erzeugt. Für französische Anführungszeichen gibt es die Befehle `"<` und `">`, die einfachen Versionen werden durch `\flq` und `\frq` erzeugt. Bei `\grq` ist noch zu beachten, dass dieser Befehl nicht unmittelbar hinter einem Ausrufezeichen oder Fragezeichen stehen sollte; dann entstehen nämlich umgekehrte spanische Ausrufe- oder Fragezeichen. Um die Ligatur aufzubrechen, ist die richtige Eingabe `!\/\grq` bzw. `?\/\grq`.

Ä, ä, Ö, ö, Ü, ü	`"A, "a, "O, "o, "U, "u`
SS, ß, SZ, ß	`"S, "s, "Z, "z`
Ë, ë, Ï, ï	`"E, "e, "I, "i`
Aber: Ÿ, ÿ	`Aber: \"Y, \"y`
„ “ „ “ ‚ ‘	`"‘ "’ \glqq\ \grqq\ \glq\ \grq`
« » « » ‹ ›	`"< "> \flqq\ \frqq\ \flq\ \frq`
"	`\dq`

Bsp. A.2: Umlaute, scharfes S, Sonderzeichen

Der Befehl `\3` für das scharfe S ist veraltet und kann in zukünftigen Versionen des Paketes `german` fehlen. Im Paket `babel` mit der Option `german` ist er schon heute nicht mehr verfügbar.

`german`
`babel`

A.4 Trennhilfen

Allgemeine Trennhilfen sind `"-`, welches eine mögliche Trennstelle angibt und Trennungen im Rest des Wortes erlaubt, `"|`, welches eine Ligatur auflöst und gleichzeitig die Trennung an dieser Stelle erlaubt, sowie `""`, welches eine Trennung ohne Einfügung eines Trennstriches erlaubt. Die übliche LaTeX-Trennhilfe `\-` erlaubt eine Trennung nur an den ausdrücklich angegebenen Stellen und sonst nirgends.

Haustierhaltung	`Haus"-tierhaltung`
Auflage, auflösen	`Auf"|lage, auf"|l"osen`
/usr/local/teTeX/ texmf	`/usr/""local/""teTeX/""texmf`
bergauf und -ab	`bergauf und "~ab`
Arbeiter-Unfallversicherung	`Arbeiter"=Unfallversicherung`

Bsp. A.3: Trennhilfen

Die Trennbarkeit von Bindestrichwörtern kann mit dem Befehl `"=`, welcher eine Trennung auch in den Teilwörtern erlaubt, und mit dem geschützten Bindestrich `"~`, welcher eine Trennung am Bindestrich ausdrücklich verbietet, beeinflusst werden.

`german` Die Sonderfälle der deutschen Trennung (nach den alten Regeln von 1901) werden im Paket `german` durch eine Reihe von Befehlen behandelt. Durch `"ck` wird ein ck, das als k-k getrennt werden kann, dargestellt, durch `"ff` ein ff, welches als ff-f getrennt werden kann. Nach dem Muster von `"ff` funktionieren auch `"ll`, `"mm`, `"nn`, `"pp`, `"rr` und `"tt`. All diese Befehle funktionieren auch mit Großbuchstaben.

`ngerman` `babel` Mit der neuen Rechtschreibung sind diese Befehle veraltet – sie tun im Paket `ngerman` aber das Naheliegende: `"ck` erlaubt eine Trennung vor dem c, `"ff` ergibt »fff«, welches ff-f getrennt werden kann. Nach diesem Muster funktionieren auch `"ll`, `"mm`, `"nn`, `"rr` und `"tt`. Im Paket `babel` mit der Option `ngerman` werden diese Befehle nicht mehr unterstützt und ergeben eine Fehlermeldung.

Der Befehl \ck mit derselben Bedeutung wie "ck ist veraltet und kann in künftigen Versionen des Paketes german entfallen. Das Paket babel unterstützt ihn nicht.

german
babel

A.5 Namen

LaTeX 2_ε kennt eine Reihe von Namen, die in Überschriften oder anderen feststehenden Teilen des Layouts verwendet werden. Diese Namen können mit Hilfe von \renewcommand verändert werden, falls dies gewünscht wird. Sie sind in der Tabelle A.1 aufgezählt.

Die beiden Namen \proofname und \glossaryname werden nur vom Paket babel, nicht aber von den Paketen german und ngerman übersetzt. Hierbei wird \proofname von dem Klassen amsart und amsbook und dem Paket amsthm aus dem amslatex-Bündel verwendet.

babel
german
ngerman
amslatex

Befehl	Text	Befehl	Text
\prefacename	Vorwort	\contentsname	Inhaltsverzeichnis
\refname	Literatur†	\bibname	Literaturverzeichnis‡
\chaptername	Kapitel	\appendixname	Anhang
\figurename	Abbildung	\listfigurename	Abbildungsverzeichnis
\tablename	Tabelle	\listtablename	Tabellenverzeichnis
\indexname	Index	\abstractname	Zusammenfassung
\partname	Teil	\proofname	Beweis*
\enclname	Anlagen(n)	\ccname	Verteiler
\headtoname	An	\pagename	Seite
\seename	siehe	\alsoname	siehe auch
\glossaryname	Glossar*		

* Diese Befehle sind *nur* im Paket babel mit den Optionen german oder ngerman definiert, fehlen aber in den Paketen german und ngerman.
† \refname wird von der Klasse article verwendet.
‡ \bibname wird von den Klassen report und book verwendet.

Tab. A.1: Namen aus dem Paket german

A.6 Ein- und Ausschalter

german

Die besonderen Befehle des Paketes german sind normalerweise unmittelbar nachdem es geladen wurde aktiv. Dies kann manchmal störend sein. Mit dem Befehl \originalTeX werden alle Besonderheiten abgeschaltet, und mit dem Befehl \germanTeX können sie wieder eingeschaltet werden. Im Paket ngerman heißt der Einschaltbefehl \ngermanTeX. Weniger tiefgreifend ist der Befehl \mdqoff, der nur die Befehle mit dem "-Zeichen ausschaltet. Mit \mdqon werden sie wieder eingeschaltet.

ngerman

A.7 Dokumentation

german
ngerman

Die Pakete german und ngerman sind ausführlich dokumentiert. Alle Befehle und viele Beispiele finden sich in der Kurzbeschreibung [Raichle 1998]. Sie enthält zudem eine ausführliche Installationsanleitung und Hinweise zur richtigen Konfiguration des TEX-Systems für die Verwendung der deutschen Sprache.

A.8 Das Babel-System

german
ngerman

Die Pakete german und ngerman erlauben das Umschalten zwischen einigen ausgesuchten Sprachen. Das Babel-System erhebt nun die Mehrsprachigkeit zum Prinzip. Es unterstützt mehr als 40 Sprachen, darunter die meisten europäischen Sprachen. Darunter sind auch Sprachen, die mit dem kyrillischen oder griechischen Alphabet geschrieben werden.

babel

Um das Babel-System zu benutzen, wird das Paket babel geladen. Alle im Dokument benutzten Sprachen werden als Optionen angegeben. Die zuletzt genannte Sprache ist am Anfang des Dokumentes aktiv.

```
\usepackage[german,ngerman]{babel}
```

Bsp. A.4: Benutzung des Babel-Systems

Die deutsche Sprache wird sowohl mit alter als auch mit neuer Rechtschreibung geladen. Am Anfang sind die Regeln für die neue Orthografie aktiv.

babel

Der Befehl \selectlanguage schaltet die Sprache um. Als Argument kann jede Sprache angegeben werden, die als Option des Paketes babel geladen wurde.

Die Umgebung otherlanguage schaltet die Sprache nur innerhalb eines Abschnittes um und kehrt am Ende zur Ausgangssprache zurück. Hierbei wird alles umgestellt, Trennregeln, Kurzbefehle, Namen und Datum. Sollen die Namen und das Datum nicht umgestellt werden, so hilft die Umgebung otherlanguage*. Diese Umgebung ist seit Version 3.6 des Babel-Systems enthalten. Die Verwendung der Umgebung otherlanguage* ist besonders für Zitate in einer anderen Sprache als der Hauptsprache des Dokumentes sinnvoll.

Der Befehl \foreignlanguage hat zwei Argumente. Das erste ist der Name der fremden Sprache, das zweite ein (kurzes) Stück Text in dieser Sprache. Dies ist für kurze Zitate geeignet. Dieser Befehl ändert nur Trennregeln und Kurzbefehle, nicht aber die Namen oder das Datum.

Die Babel-Optionen german und ngerman kennen dieselben Kurzbefehle wie die Pakete german bzw. ngerman. Allerdings sind veraltete Befehle nicht enthalten. Die Babel-Option ngerman kennt daher die Trennhilfen "ck, "ff etc. nicht mehr. In beiden Babel-Optionen sind die Befehle \3 und \ck undefiniert.

Die Kurzbefehle können mit dem Befehl \shorthandoff abgeschaltet werden und mit dem Befehl \shorthandon wieder eingeschaltet werden. Dieser Befehl hat als Argument dasjenige Zeichen, das die Kurzbefehle einleitet. Für die deutsche Sprache ist dies das Anführungszeichen (").

BibTEX

B.1 Die BibTEX-Datenbank

B.1.1 Ein erstes Beispiel

Hier ist der BIBTEX-Datenbankeintrag für ein (fiktives) Buch zu bewundern:

```
@book(Welter2009,
 author = "Welter, Hans",
 title  = "Hallo Welt",
 publisher = "Spellenstein-Verlag",
 year   = "2009",
 comment= "Hallo Welt in allen Sprachen der Erde"
)
```

Bsp. B.1: BibTEX-Eintrag für ein Buch

Mit `@book` wird der Typ des Eintrags festgelegt, hier handelt es sich um ein Buch. Der Eintrag selbst folgt in runden oder Schweifklammern (beides ist erlaubt). Er beginnt mit dem Zitierschlüssel und es folgen verschiedene Felder, deren Inhalt nach dem Gleichheitszeichen steht. Der Feldinhalt wird von ASCII-Anführungszeichen oder von Schweifklammern eingeschlossen. Felder können etwa tausend Zeichen enthalten, was für die meisten praktischen Anwendungen reichen dürfte.

Für einen Bucheintrag erwartet BIBTEX die Felder `author` oder `editor`, `title`, `publisher` und `year`. Fehlt eines dieser Felder, gibt BIBTEX eine Warnung aus. Wenn die optionalen Felder `address`, `edition`, `month`, `note`, `volume` oder `number`, und/oder `series` vorhanden sind, benutzt BIBTEX diese, wenn nicht dann nicht. Alle anderen Felder werden von BIBTEX schweigend ignoriert. Insbesondere gibt es also keine Warnung, wenn der Name eines optionalen Feldes falsch geschrieben wurde.

Die Namen der Eintragstypen und der Felder können übrigens nach Belieben groß oder klein geschrieben werden.

B.1.2 Aufbau einer BibTEX-Datenbank

Die BIBTEX-Datenbank ist eine Datei, die üblicherweise die Endung `.bib` hat. In dieser Datei befinden sich Einträge, die mit dem Arrobazeichen (@) und einem Typ beginnen. Danach folgt in Klammern der eigentliche Eintrag: Zuerst der Zitierschlüssel, und dann durch Kommata getrennt die verschiedenen Felder mit ihren Inhalten.

Text außerhalb der Einträge ist ein Kommentar und wird ignoriert. Um einen Eintrag auszukommentieren genügt es, einfach das führende Arrobazeichen zu löschen. Prozentzeichen wirken in BIBTEX nicht als Kommentarzeichen – in LATEX aber doch, weshalb ein zu druckendes Prozentzeichen auch in BIBTEX als `\%` eingegeben wird .

B.1.3 Eingabe von Umlauten und Sonderzeichen

BIBTEX akzeptiert ausschließlich 7-Bit ASCII als Eingabe. Da die Anführungszeichen eine besondere Bedeutung im Format der `.bib`-Datei haben, verkompliziert sich die Eingabe der Umlaute weiter. Um ein kleines Ä einzugeben, gibt es die folgenden beiden Möglichkeiten: `{\"a}` und `{\"{a}}`.

ä	`{\"a}`	ö	`{\"o}`	ü	`{\"u}`	ß	`{\ss}`
Ä	`{\"A}`	Ö	`{\"O}`	Ü	`{\"U}`	é	`{\'e}`

Tab. B.1: Umlaute und Sonderzeichen unter BibTEX

B.1.4 Namen

BIBTEX zerlegt Namen in vier Bestandteile: Vorname(n), Von, Nachname(n) und Junior. Dabei wendet es verschiedene Heuristiken an, mit denen es die Zerlegung meistens richtig errät. Nachhilfe ist dann erforderlich, wenn der Von-Teil mit einem Großbuchtaben beginnt. Die allgemeine Syntax eines Namens ist

```
{Von} Nachname, Junior, Vorname
```

Hierbei geht BIBTEX davon aus, dass der Von-Teil stets mit einem Kleinbuchstaben beginnt. Ist dies nicht der Fall, muss getrickst werden; mit dem Befehl `\uppercase` wird ein Kleinbuchstabe groß gemacht ohne dass BIBTEX dies merkt.

Einige Beispiele zur Verdeutlichung. Die folgende Eingabe

```
author = "von Goethe, Johann Wolfgang"
```

wird von BIBTEX korrekt analysiert: zwei Vornamen, »von«, ein Nachname. Aber

```
author = "{\uppercase {e}}dler von Musil, Robert"
```

kann *nur* wie oben eingegeben werden.

Kommen andererseits im Nachnamen kleingeschriebene Teile vor, die nicht zu einem Von gehören, muss in der anderen Richtung getarnt werden; hier hilft der Befehl `\lowercase`, der einen Großbuchstaben klein macht.

Mehrere Namen in einem Feld werden durch `and` verbunden, eine lange Namensliste kann man mit `and others` abkürzen, was dann im Literaturverzeichnis zu *et al.* wird. Es empfiehlt sich jedoch, in der Bibliografiedatenbank stets alle Autoren zu vermerken, wenn sie bekannt sind, und das Einkürzen der Autorenliste dem Bibliografiestil zu überlassen.

B.1.5 Titel

Im Englischen ist es üblich, in Titeln viele sonst klein geschriebene Wörter groß zu schreiben. Diese Großschreibung wird in einigen Bibliografiestilen wieder rückgängig gemacht. Daher ist es erforderlich, Großbuchstaben, die nicht in Kleinbuchstaben verwandelt werden dürfen, in der `.bib`-Datei zu schützen. Dies geschieht durch Einklammern des Großbuchstaben mit Schweifklammern.

Bsp. B.2: Geschütze Großbuchstaben

```
title = "{G}{\"o}del, {E}scher, {B}ach"
title = "{K}rieg und {F}rieden"
```

B.1.6 Sammelwerke

Mit den Typen inproceedings und inbook können Artikel in einem Sammelwerk (Konferenzband oder Buch) in die BibTeX-Datenbank eingepflegt werden. Mit dem besonderen Feld crossref wird auf das Sammelwerk selbst verwiesen.

BibTeX tut in diesem Fall folgendes: Der Eintrag des Artikels erbt fehlende Angaben (wie Herausgeber und Jahr) vom referenzierten Eintrag. Falls sich zwei oder mehr Zitationen auf das Sammelwerk beziehen, nimmt BibTeX dieses automatisch in das Literaturverzeichnis auf. Damit das alles gut geht, müssen die Einzelartikel vor dem referenzierten Sammelwerk in der .bib-Datei stehen.

Die im folgenden abgedruckte Datenbank liefert mit dem Bibliografiestil plain das in Abb. B.1 auf Seite 202 gezeigte Lieraturverzeichnis.

```
@inproceedings(Lagally1992,
 crossref = "EuroTeX1992",
 author = "Lagally, Klaus",
 title = "Arab{\TeX}---{T}ypesetting {A}rabic
          with vowels and ligatures",
 pages = "153--172"
)

@inproceedings(Knappen1992,
 crossref = "EuroTeX1992",
 author = "Knappen, J{\"o}rg",
 title="Changing the appearance of math",
 pages = "212--216"
)

@proceedings(EuroTeX1992,
  editor = "Zlatu{\v{s}}ka, Ji{\v{r}}i",
  title  = "Euro{\TeX}'92 Proceedings",
  booktitle  = "Euro{\TeX}'92 Proceedings",
  publisher = "CSTUG, Czechoslovak {\TeX}
               Users Group",
  year = "1992",
  address = "Praha, Czechoslovakia"
)
```

Literaturverzeichnis

[1] Jörg Knappen. Changing the appearance of math. In Zlatuška [3], pages 212–216.

[2] Klaus Lagally. ArabTEX—Typesetting Arabic with vowels and ligatures. In Zlatuška [3], pages 153–172.

[3] Jiři Zlatuška, editor. *EuroTEX'92 Proceedings*, Praha, Czechoslovakia, 1992. CSTUG, Czechoslovak TEX Users Group.

Abb. B.1: Literaturverzeichnis, von BibTEX mit Verweisen erstellt

B.1.7 Abkürzungen

Abkürzungen können in BIBTEX auf verschiedene Art und Weise festgelegt werden. Zu einen können die Bibligrafiestile Makros enthalten. Ein Beispiel hierfür sind die Abkürzungen für die Monatsnamen (`jan feb mar apr may jun jul aug sep oct nov dec`). Viele Bibliografiestile definieren außerdem Abkürzungen für die bekanntesten Zeitschriften.

Eine andere Möglichkeit ist der spezielle Eintrag `@string`, der eine Abkürzung und ihre Auflösung in der `.bib`-Datei definiert – dies hat den Vorteil unabhängig vom Bibliografiestil zu sein.

Abkürzungen werden in der Bibliografie-Datenbank ohne umgebende Schweifklammern oder Anführungszeichen verwendet. Mit dem Operator # können Zeichenketten aneinander gehängt werden.

```
@string (PR ="Phys. Rev.")
...
journal = PR # " D",
month = aug,
```

Bsp. B.3: Abkürzungen in der `.bib`-Datei

B.1.8 Die verschiedenen Typen

In diesem Abschnitt werden alle von BibTEX erlaubten Typen aufgezählt und die verpflichtenden und optionalen Felder angegeben.

`@article` Für Artikel, die in einer Zeitschrift erschienen sind. Verpflichtende Felder: `author`, `title`, `journal` und `year`; optionale Felder: `volume`, `number`, `month`, `pages` und `note`.

`@book` Für Bücher, deren Verlag bekannt ist. Verpflichtende Felder: `author` oder `editor`, `title`, `publisher` und `year`; optionale Felder: `volume` oder `number`, `series`, `edition`, `address`, `month` und `note`.

`@booklet` Für gebundene und gedruckte Werke ohne Verlag oder herausgebende Institution. Verpflichtendes Feld: `title`; optionale Felder: `author`, `howpublished`, `year`, `month` und `note`.

`@conference` Synonym für `@inproceedings`.

`@inbook` Für Teile eines Buches, wie Kapitel oder Abschnitte oder eine Anzahl ausgewählter Seiten. Verpflichtende Felder: `author` oder `editor`, `title`, `chapter` und/oder `pages`, `publisher` und `year`; optionale Felder: `volume` oder `number`, `series`, `type`,[1] `address`, `edition`, `month` und `note`.

`@incollection` Für Teile eines Buches mit eigenem Titel. Verpflichtende Felder: `author`, `title`, `booktitle`, `publisher` und `year`; optionale Felder: `editor`, `volume` oder `number`, `series`, `chapter`, `type`, `pages`, `address`, `month` and `note`.

`@inproceedings` Für Konferenzbeiträge. Verpflichtende Felder: `author`, `title`, `booktitle`, `year`; optionale Felder: `editor`, `volume` oder `number`, `series`, `pages`, `address`, `publisher`, `month` und `note`.

[1] Im Feld `type` kann hier das Wort »Kapitel« oder »Abschnitt« stehen

`@manual` Für Handbücher und Bedienungsanleitungen. Verpflichtendes Feld: `title`; optionale Felder: `author`, `organization`, `address`, `edition`, `year`, `month` und `note`.

`@mastersthesis` Für Diplom- und Masterarbeiten. Verpflichtende Felder: `author`, `title`, `school` und `year`; Optionale Felder: `type`, `address`, `month` und `note`.

`@misc` Für alles mögliche, was nicht in die vorgegebenen Kategorien passt. Keine verpflichtenden Felder; optionale Felder: `author`, `title`, `howpublished`, `year`, `month` und `note`.

`@phdthesis` Für Doktorarbeiten. Verpflichtende Felder: `author`, `title`, `school` und `year`; Optionale Felder: `type`, `address`, `month` und `note`.

`@proceedings` Für Tagungsbände. Verpflichtende Felder: `title` und `year`; optionale Felder: `editor`, `volume` oder `number`, `series`, `publisher`, `organization`, `month`, `address` und `note`.

`@techreport` Für Berichte, die von einem Institut oder einer anderen Organisation herausgegeben werden, üblicherweise nummeriert. Verpflichtende Felder: `author`, `title`, `institution`, und `year`; optionale Felder: `type`, `number`, `address`, `month` und `note`.

`@unpublished` Für nicht veröffentlichte Werke. Verpflichtende Felder: `author`, `title` und `note`; optionale Felder: `year` und `month`.

B.1.9 Die verschiedenen Felder

Hier werden alle Felder der BibTEX-Datenbank aufgeführt und ihre Inhalte gegeben.

`address` Für die Anschrift eines Verlages, einer Organisation oder eines Institution. Im deutschen Sprachraum ist die Angabe des Verlagsortes üblich.

`annote` Für Anmerkungen, wird nur von wenigen Bibliografiestilen verwendet.

`author` Für den Autor oder die Autoren eines Werkes. Die Eingabe der Namen ist in Abschnitt B.1.4 auf Seite 199 beschrieben.

`booktitle` Für den Titel eines Buches, aus dem ein Teil zitiert wird. Die Eingabe von Titeln ist in Abschnitt B.1.5 auf Seite 200 beschrieben.

`chapter` Für die Nummer eines Kapitels, Teils oder Abschnitts.

`crossref` Für den Verweis auf ein Sammelwerk, die Details stehen in Abschnitt B.1.6 auf Seite 201.

`edition` Für die Nummer der Auflage. Bei englischsprachigen Werken soll hier eine großgeschriebene Ordnungszahl, z. B. *Second*, stehen. Diese wird, wenn es der Bibliografiestil so vorsieht, in Kleinschreibung umgewandelt.

`editor` Für den oder die Namen der Herausgeber eines Werkes.

`howpublished` Für die Art und Weise, wie ein ungewöhnliches Werk veröffentlicht wurde, etwa *Flugblatt*.

`institution` Für die herausgebende Institution eines Berichtes (Typ `@techreprot`).

`journal` Für den Namen des Zeitschrift, in der ein Artikel veröffentlicht wurde.

`key` Optionales Feld zu allen Eintragstypen, kann für die Sortierung und die Erzeugung einer Marke im Literaturverzeichnis verwendet werden. Dieses Feld darf nicht mit dem Zitierschlüssel, der an erster Stelle im Eintrag steht, verwechselt werden.

`month` Für den Monat, in dem das Werk veröffentlicht oder (bei unveröffentlichten Werken) geschrieben wurde. Für die Monate gibt es festgelegte dreibuchstabige Abkürzungen, siehe B.1.7 auf Seite 202.

`note` Für zusätzliche Informationen für den Leser.

`number` Für die Nummer einer Zeitschrift, eines Berichtes oder eines Buches in einer Serie. Zeitschriften werden durch Band (`volume`) und Nummer (für das Einzelheft) beschrieben. Da wissenschaftliche Zeitschriften in Bibliotheken zu Bänden zusammengebunden werden, wird in vielen Bibliografiestilen auf die Angabe der Nummer bei Zeitschriften verzichtet.

`organization` Für die Organisation, die eine Konferenz ausrichtet oder ein Handbuch herausgibt.

`pages` Für die Seitenzahlen. Es es möglich, Listen und Bereiche von Seiten anzugeben, für Seite 42 mit Folgeseiten ist die Eingabe `42+`.

`publisher` Für den Namen des Verlages.

`school` Für den Namen der Hochschule, an dem die Arbeit abgegeben wurde.

`series` Für den Titel eines Buchreihe.

`title` Für den Titel des Werks.

`type` Für den Typ eines Berichtes, z. B. *Technical Report*. Im Zusammenhang mit dem Feld `chapter` für die Art des Abschnitts (Teil, Kapitel, Abschnitt, Anhang, …).

`volume` Für den Band einer Zeitschrift oder eines mehrbändigen Werkes.

`year` Für das Erscheinungsjahr oder (bei einem unveröffentlichten Werk) das Jahr der Entstehung. Die Jahreszahl soll vierstellig eingegeben werden.

B.2 Bibliografiestile

BibTEX wird mit vier Bibliografiestilen ausgeliefert: `plain` nummeriert die Referenzen und sortiert das Literaturverzeichnis alphabetisch, `unsrt` nummeriert die Referenzen und ordnet sie nach ihrem Auftauchen im Text, `abbrv` verhält sich wie `plain`, kürzt aber die Vornamen ab, und `alpha` verwendet Abkürzungen aus den ersten drei Buchstaben des Autornamens und 2 Ziffern der Jahreszahl wie [Kna09].

Für ausführliche Zitierungen – wie [Knappen (2009)] – empfiehlt sich das Paket `natbib` mit den dazugehörenden Bibliografiestilen `plainnat`, `abbrvnat` und `unsrtnat`. Das Paket `natbib` von Patrick W. Daly erweitert die Syntax des Befehls `\cite` und definiert weitere Zitierbefehle. Die sehr ausführliche Dokumentation enthält auch einen Überblick über andere Pakete und Bibliografiestile für ausführliche Zitierungen.

`natbib`

Für viele Zeitschriften und Buchreihen gibt es vorgefertigte Bibliografiestile, die sich von den CTAN-Servern oder von den Webpräsenzen der entsprechenden Verlage herunterladen lassen.

Einen eigenen Bibliografiestil zu schreiben ist schwierig. Diese Schwierigkeit nimmt das Paket `custom-bib` von Patrick W. Daly ab: Ein interaktives LaTeX-Skript fragt den Benutzer, wie die Zitierungen und das Literaturverzeichnis aussehen sollen und erstellt danach einen maßgeschneiderten Bibliografiestil. Der Aufruf des Skriptes erfolgt mit

`custom-bib`

```
latex makebst
```

Danach stellt das Skript Fragen mit einem kurzen Auswahlmenü, die Antworten bestehen aus einem Buchstaben (oder der Returntaste, falls die Voreinstellung gut ist).

B.3 BibTEX8

Niel Kempson und Alejandro Aguilar-Sierra haben BibTEX neu implementiert und um die Fähigkeit erweitert, mit Umlauten und Sonderzeichen in einer 8-Bit-Kodierung wie Latin-1 umzugehen. Das so entstandene Programm heißt BibTEX8 und hat die folgende Aufrufsyntax

```
bibtex8 -c 88591lat meinwerk
```

Hierbei ist legt die Option `-c` die Kodierung und die Sortierreihenfolge fest. Für die Kodierung Latin-1 (ISO 8859-1) gibt es zwei mitgelieferte Sortierungen. Mit `88591lat` werden alle Umlaute und Sonderzeichen unter ihrem Grundbuchstaben einsortiert (mit Ausnahme des Ñ, das wie im Spanischen als eigener Buchstabe zwischen N und O sortiert wird). Mit `88591sca` wird eine »skandinavische« Sortierung festgelegt. Diese Sortierung ist ein Kompromiss aus dänischer und schwedischer Sortierung und sortiert einige Buchstaben hinter Z ein; die Sortierung ist Z, Æ, Ø, Å, Ä, Ö.

Wird BIBTEX8 ohne die Option `-c` aufgerufen, so verhält es sich genauso wie normales BIBTEX; mit einer wichtigen Ausnahme: Es kann auch riesige Bibliografien, bei denen normales BIBTEX mit einer Fehlermeldung aussteigt, bearbeiten.

Schlüssel zum Auffinden von mathematischen Symbolen

Der folgende Schlüssel dient zum Auffinden der LaTeX-Befehle für mathematische Symbole, deren Aussehen bekannt ist. Hierzu sind die mathematischen Symbole nach den folgenden Regeln angeordnet:

- Die Zeichen sind nach der Anzahl der »Züge« geordnet, mit denen sie normalerweise gezeichnet werden. Mit einem Zug wird etwa das Minuszeichen $-$ gezeichnet, mit zwei Zügen das Pluszeichen $+$ oder auch das Minuszeichen im Kreis $\ominus$. Letzteres ließe sich theoretisch auch mit nur einem Zug zeichnen, das ist aber unüblich.

- Die Anordnung der einzelnen Züge ist: Punkt, Komma, Kreis, Quadrat, einfache gerade Linie, gerade Linien mit Ecken (nach der Anzahl der Ecken), einfach gebogene Linien, mehrfach gebogene Linien, andere (z. B. Flächenfüllungen).

- Die geraden Linien sind noch einmal sortiert nach ihrer Orientierung, die Reihenfolge ist waagrecht $-$, senkrecht $|$, steigend $/$, fallend $\backslash$.

- Die einfach gebogenen Linien sind nach ihrer Orientierung sortiert, die Reihenfolge ist geöffnet nach rechts $\subset$, geöffnet nach links $\supset$, geöffnet nach oben $\cup$, geöffnet nach unten $\cap$.

- Zusammengesetzte Zeichen aus mehreren Zügen werden so eingeordnet, dass sie möglichst weit vorne stehen.

Nicht in diesen Schlüssel aufgenommen wurden die griechischen und hebräischen Buchstaben, die Pfeile und die verneinten Relationen aus den $\mathcal{AMS}$-Symbolen. Die verneinten Symbole können durch Bestimmung ihres unverneinten Grundzeichens gefunden werden.

Zu einigen Symbolen sind mehrere Befehle angegeben. Diese stellen nicht unbedingt Synonyme dar. Manchmal sind den verschiedenen Befehlen unterschiedliche Funktionen zugeordnet (etwa: gewöhnliches Symbol oder zweiwertiger Operator).

C.1 Ein Zug

C.1.1 Ein Zug, Punkt, Komma, Kreis, Quadrat

$.$	`.`	$\ldotp$	`\ldotp`	$\cdot$	`\cdot`
$\cdotp$	`\cdotp`	$\centerdot$	`\centerdot`[a]	$\dot{a}$	`\dot` (Akzent)
$,$	`,`				
$\circ$	`\circ`	$\bigcirc$	`\bigcirc`	$\mathring{a}$	`\mathring` (Akzent)
$\Box$	`\Box`[ℓ]	$\square$	`\square`[a]		

C.1.2 Ein Zug, einfache gerade Linie

$-$	`-`	$\bar{a}$	`\bar` (Akzent)	$\vert$	`\vert`
$\mid$	`\mid`	$\shortmid$	`\shortmid`[a]	$/$	`/`
$\prime$	`\prime`	$\diagup$	`\diagup`[a]	$\acute{a}$	`\acute` (Akzent)
$\setminus$	`\setminus`	$\backslash$	`\backslash`	$\smallsetminus$	`\smallsetminus`[a]
$\diagdown$	`\diagdown`[a]	$\backprime$	`\backprime`[a]	$\grave{a}$	`\grave` (Akzent)

C.1.3 Ein Zug, gerade Linie mit einer Ecke

$\lceil$	`\lceil`	$\ulcorner$	`\ulcorner`[a]	$\lnot$	`\lnot`
$\neg$	`\neg`	$\rceil$	`\rceil`	$\urcorner$	`\urcorner`[a]
$\lfloor$	`\lfloor`	$\llcorner$	`\llcorner`[a]	$\rfloor$	`\rfloor`
$\lrcorner$	`\lrcorner`[a]	$\angle$	`\angle`	$<$	`<`
$\langle$	`\langle`	$>$	`>`	$\rangle$	`\rangle`
$\lor$	`\lor`	$\vee$	`\vee`	$\bigvee$	`\bigvee`
$\check{a}$	`\check` (Akzent)	$\checkmark$	`\checkmark`[a]	$\land$	`\land`
$\wedge$	`\wedge`	$\bigwedge$	`\bigwedge`	$\hat{a}$	`\hat` (Akzent)

[a] $\mathcal{AMS}$-Symbol, definiert im Paket `amssymb`
[ℓ] LaTeX-Symbol, definiert im Paket `latexsym`

C.1.4 Ein Zug, gerade Linie mit zwei Ecken

$\sqsubset$	\sqsubset[a,ℓ]	[	[	[	\lbrack
$\sqsupset$	\sqsupset[a,ℓ]	]	]	]	\rbrack
$\sqcup$	\sqcup	$\bigsqcup$	\bigsqcup	$\sqcap$	\sqcap
$\surd$	\surd	$\ltimes$	\ltimes[a]	$\rtimes$	\rtimes[a]

C.1.5 Ein Zug, gerade Linie mit drei oder mehr Ecken

$\sum$	\sum	∇	\nabla
$\bigtriangledown$	\bigtriangledown	$\triangledown$	\triangledown[a]
Δ	\Delta	$\bigtriangleup$	\bigtriangleup
$\triangle$	\triangle	$\vartriangle$	\vartriangle[a]
$\lhd$	\lhd[ℓ]	$\vartriangleleft$	\vartriangleleft[a]
$\triangleleft$	\triangleleft	$\rhd$	\rhd[ℓ]
$\vartriangleright$	\vartriangleright[a]	$\triangleright$	\triangleright
$\diamond$	\diamond	$\Diamond$	\Diamond[ℓ]
$\lozenge$	\lozenge[a]		
$\bowtie$	\bowtie	$\Join$	\Join[ℓ]

C.1.6 Ein Zug, einfach gebogene Linie

$\subset$	\subset	(	(	$\complement$	\complement[a]
$\supset$	\supset	)	)		
$\cup$	\cup	$\bigcup$	\bigcup	$\smallsmile$	\smallsmile[a]
$\smile$	\smile	$\breve{a}$	\breve (Akzent)	$\cap$	\cap
$\bigcap$	\bigcap	$\smallfrown$	\smallfrown[a]	$\frown$	\frown

C.1.7 Ein Zug, mehrfach gebogene Linie

$\smallint$	\smallint	$\int$	\int	$\intop$	\intop
$\wr$	\wr	$\sim$	\sim	$\thicksim$	\thicksim[a]
$\tilde{a}$	\tilde (Akzent)	$\backsim$	\backsim[a]	ℓ	\ell
∂	\partial	$\propto$	\propto	$\varpropto$	\varpropto[a]
∞	\infty	$\wp$	\wp		

[a] AMS-Symbol, definiert im Paket amssymb
[ℓ] LaTeX-Symbol, definiert im Paket latexsym

C.1.8 Ein Zug, gebogene Linien mit Ecken

$\prec$	\prec	$\succ$	\succ	$\curlyvee$	\curlyvee[a]
$\curlywedge$	\curlywedge[a]	$\{$	\lbrace	$\}$	\rbrace
$\heartsuit$	\heartsuit	$\diamondsuit$	\diamondsuit		

C.1.9 Ein Zug, sonstige Zeichen

$\flat$	\flat	$\Game$	\Game[a]
$\mho$	\mho[a,ℓ]	$\bullet$	\bullet
$\blacksquare$	\blacksquare[a]	$\blacktriangledown$	\blacktriangledown[a]
$\blacktriangle$	\blacktriangle[a]	$\blacktriangleleft$	\blacktriangleleft[a]
$\blacktriangleright$	\blacktriangleright[a]	$\blacklozenge$	\blacklozenge[a]
$\star$	\star	$\bigstar$	\bigstar[a]
$\clubsuit$	\clubsuit	$\spadesuit$	\spadesuit
$\maltese$	\maltese[a]		

C.2 Zwei Züge

C.2.1 Zwei Züge, Zeichen mit Punkt oder Komma

:	:	$\colon$	\colon	$\ratio$	\ratio[c]
$\ddot{a}$	\ddot (Akzent)	;	;	$\odot$	\odot
$\bigodot$	\bigodot	$\boxdot$	\boxdot[a]	!	!
$\lessdot$	\lessdot[a]	$\gtrdot$	\gtrdot[a]	?	?

C.2.2 Zwei Züge, Zeichen mit Kreis oder Quadrat

$\multimap$	\multimap[a]	$\circledcirc$	\circledcirc[a]	$\ominus$	\ominus
$\circleddash$	\circleddash[a]	$\oslash$	\oslash	$\varnothing$	\varnothing[a]
$\emptyset$	\emptyset	$\oint$	\oint	$\oint$	\ointop
$\circledS$	\circledS[a]	$\boxminus$	\boxminus[a]		

[a] $\mathcal{AMS}$-Symbol, definiert im Paket **amssymb**
[ℓ] LaTeX-Symbol, definiert im Paket **latexsym**
[c] Zuweisung, definiert im Paket **colonequals**

C.2.3 Zwei Züge, zwei einfache gerade Linien

$=$	=	$+$	+
$\dagger$	\dagger	$\top$	\top
$\intercal$	\intercal[a]	$\perp$	\perp
$\bot$	\bot	$\vdash$	\vdash
$\dashv$	\dashv	$\|$	\\|
$\Vert$	\Vert	$\parallel$	\parallel
$\shortparallel$	\shortparallel[a]	$\nmid$	\nmid[a]
$\nshortmid$	\nshortmid[a]	$\times$	\times
$\leftthreetimes$	\leftthreetimes[a]	$\rightthreetimes$	\rightthreetimes[a]

C.2.4 Zwei Züge, davon eine einfache gerade Linie

$\leq$	\leq	$\geq$	\geq
$\barwedge$	\barwedge[a]	$\veebar$	\veebar[a]
$\forall$	\forall	$\Finv$	\Finv[a]
$\sqsubseteq$	\sqsubseteq	$\sqsupseteq$	\sqsupseteq
$\exists$	\exists	$\unlhd$	\unlhd[ℓ]
$\trianglelefteq$	\trianglelefteq[a]	$\unrhd$	\unrhd[ℓ]
$\trianglerighteq$	\trianglerighteq[a]	$\subseteq$	\subseteq
$\in$	\in	$\supseteq$	\supseteq
$\ni$	\ni	$\owns$	\owns
$\backepsilon$	\backepsilon[a]	$\simeq$	\simeq
$\eqsim$	\eqsim[a]	$\backsimeq$	\backsimeq[a]
$\preceq$	\preceq	$\succeq$	\succeq
$\bumpeq$	\bumpeq[a]	$\pitchfork$	\pitchfork[a]
$\leqslant$	\leqslant[a]	$\eqslantless$	\eqslantless[a]
$\geqslant$	\geqslant[a]	$\eqslantgtr$	\eqslantgtr[a]

C.2.5 Zwei Züge, davon eine gerade Linie mit Ecken

$\ll$	\ll	$\gg$	\gg
$\lessgtr$	\lessgtr[a]	$\gtrless$	\gtrless[a]
$\natural$	\natural		
$\sphericalangle$	\sphericalangle[a]	$\measuredangle$	\measuredangle[a]
$\lesssim$	\lesssim[a]	$\gtrsim$	\gtrsim[a]

[a] $\mathcal{AMS}$-Symbol, definiert im Paket **amssymb**
[ℓ] LaTeX-Symbol, definiert im Paket **latexsym**

C.2.6 Zwei Züge, restliche Zeichen

$\Subset$	\Subset[a]	$\between$	\between[a]	$\Supset$	\Supset[a]
$\Cup$	\Cup[a]	$\asymp$	\asymp	$\Cap$	\Cap[a]
$\preccurlyeq$	\preccurlyeq[a]	$\curlyeqprec$	\curlyeqprec[a]	$\succcurlyeq$	\succcurlyeq[a]
$\curlyeqsucc$	\curlyeqsucc[a]	$\approx$	\approx	$\thickapprox$	\thickapprox[a]
$\precsim$	\precsim[a]	$\succsim$	\succsim[a]	$\Bumpeq$	\Bumpeq[a]

C.3 Drei Züge

C.3.1 Drei Züge, Zeichen mit Punkt oder Komma

$\ldots$	\ldots	$\cdots$	\cdots	$\vdots$	\vdots
$\ddots$	\ddots	$\because$	\because[a]	$\therefore$	\therefore[a]
$:-$	\colonminus[c]	$-:$	\minuscolon[c]	$\div$	\div
$:\sim$	\colonsim[c]	$\sim:$	\simcolon[c]	$\doteq$	\doteq
$\dotplus$	\dotplus[a]				

C.3.2 Drei Züge, Zeichen mit Kreis oder Quadrat

$\circeq$	\circeq[a]	$\eqcirc$	\eqcirc[a]	$\oplus$	\oplus
$\bigoplus$	\bigoplus	$\otimes$	\otimes	$\bigotimes$	\bigotimes
$\boxplus$	\boxplus[a]	$\boxtimes$	\boxtimes[a]		

C.3.3 Drei Züge, davon mindestens zwei einfache gerade Linien

$\equiv$	\equiv	$\pm$	\pm	$\mp$	\mp
$\ddagger$	\ddagger	$\models$	\models	$\vDash$	\vDash[a]
$\leqq$	\leqq[a]	$\geqq$	\geqq[a]	$\doublebarwedge$	\doublebarwedge[a]
$\trianglelefteq$	\triangleq[a]	$\subseteqq$	\subseteqq[a]	$\supseteqq$	\supseteqq[a]
$\cong$	\cong	$\uplus$	\uplus	$\biguplus$	\biguplus
$\prod$	\prod	$\amalg$	\amalg	$\coprod$	\coprod
$\Vdash$	\Vdash[a]	$\nparallel$	\nparallel[a]	$\nshortparallel$	\nshortparallel[a]
$*$	*	$\ltimes$	\ltimes[a]	$\rtimes$	\rtimes[a]

[a] $\mathcal{AMS}$-Symbol, definiert im Paket amssymb
[c] Zuweisung, definiert im Paket colonequals

C.3.4 Drei Züge, restliche Zeichen

$\lesseqgtr$	\lesseqgtr[a]	$\gtreqless$	\gtreqless[a]	$\approxeq$	\approxeq[a]
$\lll$	\lll[a]	$\ggg$	\ggg[a]	$\lessapprox$	\lessapprox[a]
$\gtrapprox$	\gtrapprox[a]	$\precapprox$	\precapprox[a]	$\succapprox$	\succapprox[a]

C.4 Vier Züge

$::$	\coloncolon[c]	$:=$	\colonequals[c]
$=:$	\equalscolon[c]	$\doteqdot$	\doteqdot[a]
$\risingdotseq$	\risingdotseq[a]	$\fallingdotseq$	\fallingdotseq[a]
$:\approx$	\colonapprox[c]	$\approx:$	\approxcolon[c]
$\circledast$	\circledast[a]	$\sharp$	\sharp
$\#$	\#	$\Vvdash$	\Vvdash[a]
$\lesseqqgtr$	\lesseqqgtr[a]	$\gtreqqless$	\gtreqqless[a]

C.5 Fünf und sechs Züge

$::-$	\coloncolonminus[c]	$-::$	\minuscoloncolon[c]
$::\sim$	\coloncolonsim[c]	$\sim::$	\simcoloncolon[c]
$\divideontimes$	\divideontimes[a]		
$::=$	\coloncolonequals[c]	$=::$	\equalscoloncolon[c]
$::\approx$	\coloncolonapprox[c]	$\approx::$	\approxcoloncolon[c]

[a] $\mathcal{AMS}$-Symbol, definiert im Paket **amssymb**
[c] Zuweisung, definiert im Paket **colonequals**

Dateien und ihre Endungen

In diesem Anhang werden die verschiedenen Dateien eines LaTeX-Systems vorgestellt. Die Frage »Wozu ist eine Datei mit der Endung `.xyz` gut?« wird hier beantwortet.

D.1 Benutzerdateien

Die LaTeX-Eingabedateien haben üblicherweise alle die Endung `.tex`. Während eines LaTeX-Laufes können daraus die folgenden Dateien entstehen:

`.dvi` (*Device Indepedent*) Die `.dvi`-Datei enthält den fertig gesetzten Text in einem geräteunabhängigen Standardformat. Sie dient als Eingabe für Drucker- und Bildschirmtreiber.

`.aux` (*Auxiliary*) Hilfsdatei, die Informationen für den nächsten LaTeX-Lauf enthält, z. B. Querverweise und Referenzen. Auch BibTeX nutzt die Informationen in dieser Datei zur Erzeugung des Literaturverzeichnisses.

`.log` (auf manchen Systemen `.lis`) Protokolldatei, die zusätzliche Informationen über den LaTeX-Lauf und Fehlermeldungen enthält.

`.toc` (*Table Of Contents*) Diese Datei enthält das Inhaltsverzeichnis und wird im folgenden LaTeX-Lauf verwendet.

`.lof` (*List Of Figures)* Diese Datei enthält das Abbildungsverzeichnis.

`.lot` (*List Of Tables*) Diese Datei enthält das Tabellenverzeichnis.

Werden Register und Glossare mit Hilfe von MakeIndex erzeugt, dann kommen dabei die folgenden Dateien vor:

`.idx` Diese Datei wird von LaTeX geschrieben und enthält die unsortierten Registereinträge.

`.ind` Diese Datei wird von MakeIndex ausgegeben und enthält das sortierte Register.

`.ilg` (*Index Log*) Protokolldatei, die Informationen über den Lauf von MakeIndex enthält.

`.ist` (*Index Style*) Diese Datei enthält eine Stilvorlage für MakeIndex.

`.glo` Diese Datei wird von LaTeX geschrieben und enthält die unsortierten Glossareinträge.

`.gls` Diese Datei enthält das sortierte Glossar.

Folgende Dateien werden von BIBTeX verwendet:

`.bib` Diese Datei enthält die Daten über die verwendete Literatur.

`.bbl` Diese Datei wird von BIBTeX unter Verwendung der `.aux`-Datei erzeugt und enhält das fertige Literaturverzeichnis.

`.bst` (BIB*TeX Style*) Diese Datei enthält eine Stilvorlage für BIBTeX.

`.blg` (BIB*TeX Log*) Protokolldatei, die Informationen über den BIBTeX-Lauf enthält.

`.csf` (*Code and Sort Order File*) Datei, die die Kodierung und Sortierreihenfolge für BIBTeX8 enthält.

D.2 Dokumentenklassen und Pakete

In diesem Abschnitt werden die Dateien beschrieben, die zu Dokumentenklassen und Paketen gehören. Dabei unterscheiden sich die zur Laufzeit von LaTeX verwendeten Dateien oftmals von denen, die über `ftp`-Server oder andere Medien verteilt werden.

Zur Laufzeit werden die folgenden Dateien verwendet:

.cls (*Class*) Die Klassendateien enthalten die Dokumentenklassen. Auch die meisten Optionen sind innerhalb der Klassendateien implementiert.

.clo (*Class Option*) Diese Datei enhält eine Option, die besonders ausführlich ist.

.sty (*Style*) Alle Paketdateien haben die Endung .sty. Die Endung ist verbindlich, damit der Befehl \usepackage die Pakete finden kann.

.fd (*Font Description*) Diese Datei enthält die Beschreibung einer Schriftfamilie, so dass sie von LaTeX 2ε verwendet werden kann.

.def (*Definition*) Definitionsdateien zu verschiedenen Paketen, z. B. inputenc und fontenc.

inputenc fontenc

.dfu (*Definition for Unicode*) Definitionsdateien für das Paket inputenc mit der Option utf8.

inputenc

babel

.ldf (*Language Definition*) Sprachdefinitionen des babel-Paketes befinden sich in diesen Dateien.

Zur Verteilung eines Paketes gehört auch die entsprechende Dokumentation. Die Standardpakete und eine immer größer werdende Anzahl von verteilten Paketen werden dabei in einem besonderen Dateiformat verteilt, welches Dokumentation und Code des Paketes in einer Datei enthält. Daneben gibt es natürlich auch Pakete, die auf herkömmliche Art und Weise dokumentiert sind und eine *readme*-Datei enthalten. Es gibt leider keinen Standard für die Benennung von *readme*-Dateien; üblich sind etwa die Namen README oder Readme (ohne Endung) oder 00readme.txt. Manche Autoren geben ihren *readme*-Dateien die Endung .rme, andere bevorzugen Namen des Types readme.*pkg*, wobei die 3 Buchstaben von *pkg* aus dem Namen des Paketes gebildet werden, z. B. .dbr beim dinbrief-Paket oder .mtc beim minitoc-Paket.

dinbrief minitoc

.dtx (*Documented TeX*) Diese Datei enthält das dokumentierte Paket. Die Dokumentation (als .dvi-Datei) erhält man, indem man LaTeX auf diese Datei anwendet.

`.fdd` (*Documented Font Description*) Diese Datei enthält eine dokumentierte Schriftbeschreibung (`.fd`-Datei). Sie ist ansonsten zu einer `.dtx`-Datei analog.

`.ins` (*Install*) Wendet man LaTeX auf die Installationsdatei an, so erhält man die `.sty`-Datei des Paketes.

`.drv` (*Driver*) Wendet man LaTeX auf die Treiberdatei an, so erhält man die gesetzte Dokumentation des Paketes.

Bei einer Verteilung auf Datenträgern oder über Server werden die Dateien oft noch komprimiert. Als gängige Formate haben sich hierbei das `.zip`-Format sowie die aus der UNIX-Welt stammenden Formate durchgesetzt. Bei der Verschickung von Dateien als Mail werden die binären Archivformate noch einmal in ASCII umgewandelt, wobei hier `uue` (uuencode) und Base-64 gängig sind. Die folgende Auflistung ist notwendigerweise unvollständig, sie lässt insbesondere Formate, die nur auf einem Betriebssystem verbreitet sind, weg.

`.zip` Eine Zip-Datei ist gleichzeitig ein Archiv, d. h. sie kann mehrere Dateien und eine Verzeichnisstruktur enthalten, und komprimiert. Das Zip-Format stammt ursprünglich aus der PC-Welt, ist aber inzwischen auf allen Rechnertypen populär. Zum Auspacken werden die Programme `unzip` oder `pkunzip` verwendet.

`.tar` (*Tape Archive*) Dies ist ein reines, nicht komprimiertes Archivformat aus der UNIX-Welt. Ein `.tar`-Archiv wird mit dem UNIX-Befehl `tar -xvf` *`tardatei`* ausgepackt.

`.Z` Eine komprimierte Datei, die mit dem UNIX-Befehl `uncompress` wieder dekomprimiert wird. Das `.Z`-Format ist heutzutage veraltet und durch das `.gz`-Format weitgehend abgelöst.

`.gz` (*GNU Zip*) Trotz seines Namens hat dieses Format nichts mit dem oben beschriebenen Zip-Format zu tun, es handelt sich vielmehr um reine Komprimierung. Zum Entpacken wird der Befehl `gunzip` verwendet.

.bz2 Mit dem Programm `bzip2` komprimierte Dateien. Zum Entpacken dient der Befehl `bunzip2`.

.tar.gz, .tgz etc. Komprimierung und Archivierung kommen häufig gemeinsam vor. Ein mit `gnuzip` gepacktes `.tar`-Archiv hat dann die Endung `.tar.gz`, was auf Betriebssystemen, die nur kurze Endungen erlauben zu `.tgz` wird. `.tar.gz`-Dateien können mit GNU `tar` in einem Schritt mit dem Befehl `tar -xvzf` *`datei.tar.gz`* ausgepackt werden.

Mit dem alten UNIX-`compress` gepackte `.tar`-Archive tragen die Endung `.tar.Z` oder `.taz`. Auch diese können von GNU `tar` in einem Schritt ausgepackt werden.

.uue (*UNIX-to-UNIX Encode*) In ASCII kodierte Binärdatei, die mit `uud` bzw. `uudecode` wieder zurückgewonnen werden kann.

MIME Im Bereich der elektronischen Mail wird MIME eingesetzt, um auch Binärdateien verschicken zu können. Mit MIME kodierte Dateien können – falls dies das Mailprogramm nicht von selbst tut – mit `munpack`, `mpack` oder `mimencode -u` ausgepackt werden.

D.3 LaTeX-Systemdateien

Das LaTeX-System besteht aus den zwei »großen« Programmen TeX und METAFONT sowie einer Reihe kleinerer Hilfsprogramme. Es enthält die von LaTeX verwendeten Schriften, die Klassen und Pakete und weitere Dateien, die z. B. von den Druckertreibern benutzt werden. Die wichtigsten auftretenden Dateitypen werden im folgenden Abschnitt erklärt.

.fmt (*Format*) Die Formatdatei enthält den Kern von LaTeX in einem binären, maschinenabhängigen Format. Sie wird durch ein spezielles Programm, `initex`, erzeugt. Sie dient zum rascheren Start von LaTeX.

.poo (*Pool*) Diese Datei enthält die Textbausteine der TeX-Fehlermeldungen in einem speziellen Format. Sie ist maschinenabhängig und wird zur Erzeugung der Formatdatei gebraucht.

`.exe` (*executable*, unter UNIX ohne Endung) Diese Dateien enthalten die ausführbaren Programme für den entsprechenden Rechner.

`.tfm` (*TeX Font Metrics*) Diese Dateien enthalten die detaillierten Informationen (mit Ligaturen und Unterschneidungen) über die Schriften, die TeX verwendet. Sie sind in einem maschinenunabhängigen Binärformat abgelegt und können mit dem Programm `tftopl` in eine Textform umgewandelt werden. Mit `pltotf` lässt sich die Textform in das `tfm`-Format zurückverwandeln. Die eigentlichen Schriftzeichen (Umrisslinien oder Bitmaps) sind *nicht* enthalten.

`.pk` (*Packed Fonts*) In den `.pk`-Dateien sind die Schriftzeichen, die TeX verwendet, als Bitmuster abgelegt. Es gibt – je nach TeX-Installation – zwei verschiedene Konventionen, die `.pk`-Dateien zu benennen. Auf Systemen, die lange Dateinamen zulassen, heißen sie oft `.`*xxx*`pk`, wobei die drei oder vier Ziffern *xxx* für die verwendete Auflösung des Ausgabegerätes multipliziert mit einem eventuell vorhandenen Vergrößerungsfaktor stehen. Auf anderen Systemen heißen sie nur `.pk` und sind gemäß der Auflösung und des Vergrößerungsfaktors in entsprechende Verzeichnisse einsortiert.

Die Datei `cmr10.300pk` enthält beispielsweise die Bitmuster für die Schrift cmr10 und einen Drucker der Auflösung 300dpi. Die Datei `cmr10.329pk` enthält die Bitmuster der gleichen Schrift und für den gleichen Drucker, jedoch um den Faktor 1,095 ($= \sqrt{1{,}2}$) vergrößert.

`.fli` (*Font Library*) Bei emTeX (einer PC-Implementation von TeX) werden die `.pk`-Dateien in Bibliotheken zusammengefasst, die dann die Endung `.fli` tragen.

`.mf` (*METAFONT*) Diese Dateien enthalten die Beschreibung der Schriften in der Programmiersprache METAFONT, sie dienen zur Berechnung der `.tfm`-Dateien und der `.pk`-Dateien.

`.bas` (*Base*) Dies ist eine maschinenabhängige Formatdatei für METAFONT, die bei der Berechnung von Schriften vorgeladen wird.

`.`*xxx*`gf` (*Generic Font*) Diese Dateien enthalten die Bitmuster der Schriften, wie sie von METAFONT ausgegeben werden. Früher wurde dieses Format direkt von den Treibern verwendet, heute werden sie jedoch grundsätzlich mit `gftopk` in das platzsparendere `.pk`-Format umgerechnet und können danach gelöscht werden.

`.vf` (*Virtual Font*) Diese Dateien enthalten Informationen über sogenannte »virtuelle Schriften«. Virtuelle Schriften ermöglichen z. B., die Anordnung der Zeichen in einer Schrift zu verändern oder fehlende Zeichen hinzuzufügen. Virtuelle Schriften werden unter anderem dazu benutzt, kommerzielle Schriften aus der PostScript-Welt für LaTeX nutzbar zu machen. Die `.vf`-Datei ist eine Binärdatei, ihr Inhalt kann mit dem Programm `vftovp` angezeigt werden.

`.pfa` (*PostScript Font ASCII*) Enthält die Schriftzeichen einer Schrift als Umrisslinien.

`.pfb` (*PostScript Font Binary*) Enthält dieselben Informationen wie eine `pfa`-Datei, ist aber wegen der binären Darstellung kompakter. `pfb`-Dateien können von vielen Druckertreibern direkt verwendet werden. Das Programm `ps2pk` errechnet `pk`-Dateien aus ihnen.

Die europäischen Schriften

Die lange erwarteten europäischen Schriften für LaTeX sind im Januar 1997 in ihrer endgültigen Fassung freigegeben worden. Sie enthalten 256 Zeichen, welche fast alle europäischen Sprachen mit lateinischer Schrift umfassen. Die Kodierung ist im Jahr 1990 auf der Konferenz der internationalen TeX Users Group (TUG) in Cork, Irland, festgelegt worden. In den Jahren bis 1992 wurde die Entwicklung der Schriften von Norbert Schwarz aus Bochum koordiniert, danach wurde sie vom Autor dieses Buches übernommen.

Die europäischen Schriften bestehen aus zwei Teilen, die ec-Schriften enthalten die Buchstaben und die ASCII-Zeichen, während die tc-Schriften zusätzliche Sonderzeichen enthalten.

E.1 Unterstützung für viele Sprachen

Die ec-Schriften unterstützen die folgenden Sprachen komplett, d. h. jeder Buchstabe ist vorgefertigt in ihnen enthalten:

Deutsch, Afrikaans, Albanisch, Baskisch, Bretonisch, Dänisch, Englisch, Estnisch, Färingisch, Finnisch, Französisch, Friesisch, Gälisch, Grönländisch, Irisch, Isländisch, Italienisch, Kroatisch, Luxemburgisch, Niederländisch, Norwegisch, Polnisch, Portugiesisch, Rätoromanisch, Rumänisch, Schwedisch, Slovakisch, Slovenisch, Sorbisch, Spanisch, Tschechisch, Türkisch und Ungarisch. Auch viele außereuropäische Sprachen, z. B. Indonesisch oder Suaheli werden unterstützt.

Einige Sprachen haben zusätzliche akzentuierte Buchstaben, die von LaTeX leicht konstruiert werden können. Damit werden auch Katalanisch, Esperanto, Lettisch, Litauisch und Walisisch unterstützt.

	0	1	2	3	4	5	6	7	8	9	A	B	C	D	E	F
"0x	`	´	ˆ	˜	¨	˝	˚	ˇ	˘	¯	˙	¸	˛	‚	‹	›
"1x	“	”	„	«	»	–	—		₀	ı	ȷ	ff	fi	fl	ffi	ffl
"2x	␣	!	"	#	$	%	&	’	(	)	*	+	,	-	.	/
"3x	0	1	2	3	4	5	6	7	8	9	:	;	<	=	>	?
"4x	@	A	B	C	D	E	F	G	H	I	J	K	L	M	N	O
"5x	P	Q	R	S	T	U	V	W	X	Y	Z	[	\	]	^	_
"6x	‘	a	b	c	d	e	f	g	h	i	j	k	l	m	n	o
"7x	p	q	r	s	t	u	v	w	x	y	z	{	|	}	~	-
"8x	Ă	Ą	Ć	Č	Ď	Ě	Ę	Ğ	Ĺ	Ľ	Ł	Ń	Ň	Ŋ	Ő	Ŕ
"9x	Ř	Ś	Š	Ş	Ť	Ţ	Ű	Ů	Ÿ	Ź	Ž	Ż	Ĳ	İ	đ	§
"Ax	ă	ą	ć	č	ď	ě	ę	ğ	ĺ	ľ	ł	ń	ň	ŋ	ő	ŕ
"Bx	ř	ś	š	ş	ť	ţ	ű	ů	ÿ	ź	ž	ż	ĳ	¡	¿	£
"Cx	À	Á	Â	Ã	Ä	Å	Æ	Ç	È	É	Ê	Ë	Ì	Í	Î	Ï
"Dx	Ð	Ñ	Ò	Ó	Ô	Õ	Ö	Œ	Ø	Ù	Ú	Û	Ü	Ý	Þ	SS
"Ex	à	á	â	ã	ä	å	æ	ç	è	é	ê	ë	ì	í	î	ï
"Fx	ð	ñ	ò	ó	ô	õ	ö	œ	ø	ù	ú	û	ü	ý	þ	ß

Tab. E.1: Die europäischen Schriften

Die Sprachen Aserbaidschanisch, Maltesisch und Sami haben zusätzliche Buchstaben, die nicht leicht ergänzt werden können, und brauchen daher andere Schriften. Das gleiche gilt natürlich für Griechisch und diejenigen europäischen Sprachen, die mit dem kyrillischen Alphabet geschrieben werden.

E.2 Vorteile der ec-Schriften

Dadurch, dass alle akzentuierten Buchstaben enthalten sind, können auch Wörter mit Umlauten richtig getrennt werden. Es ist weiterhin möglich, Wörter mit Umlauten oder anderen Akzenten mit dem Befehl `\hyphenation` als Trennausnahmen zu erklären.

Die Unterschneidungen sind im Vergleich zu den amerikanischen TEX-Originalschriften stark verbessert und nun auch auf häufige Buchstabenpaare in nicht-englischen Sprachen optimiert. Dies macht sich insbesondere hinter dem großen A bemerkbar. Auch für die gebräuchlichen Maßeinheiten eV, kV, mV, kW und mW gibt es nun Unterschneidungen.

Ave	`Ave`
Ayşe	`Ay\c{s}e`
kW	`kW`

Bsp. E.1: Unterschneidungen in den ec-Schriften

Die ec-Schriften enthalten einen besonderen Trennstrich, der vom normalen Bindestrich verschieden ist. Er ist so gezeichnet, dass er ein kleines Stück in den Rand hineinragt. Dies lässt die rechte Textkante insgesamt gerader aussehen.

E.3 Einbindung der europäischen Schriften

Die europäischen Schriften werden durch den Befehl

```
\usepackage[T1]{fontenc}
```

eingebunden. Dieser Befehl muss in der Präambel des Dokumentes stehen.

E.4 Die Textsymbole

Die TS1-Kodierung der Textsymbole besteht aus 4 Teilen. Sie enthält Akzente speziell für Großbuchstaben, einige besondere Zeichen, Mediävalziffern sowie eine große Zahl von Textsymbolen.

In den ec-Schriften sind die Akzente über Großbuchstaben flacher als die von kleinen Buchstaben. Normalerweise wählt der Akzentbefehl von LaTeX 2_ε die bereits akzentuierten Buchstaben aus den vorhandenen Schriften aus; nur im Notfall wird ein Buchstabe mit Akzent aus Grundzeichen und Akzent zusammengesetzt. Hierbei werden qua Voreinstellung die Akzente für Kleinbuchstaben benutzt.

Es ist nun möglich, zu vereinbaren, dass ein akzentuierter Großbuchstabe mit dem passenden Akzent konstruiert wird. Dazu dient der Befehl `\DeclareTextCompositeCommand`. Dieser Befehl hat die folgende Syntax:

```
\DeclareTextCompositeCommand{\^}{T1}{Y}{\capitalcircumflex Y}
```

Das erste Argument ist ein Akzentbefehl, das zweite ist die Schriftkodierung, das dritte der Grundbuchstabe und das

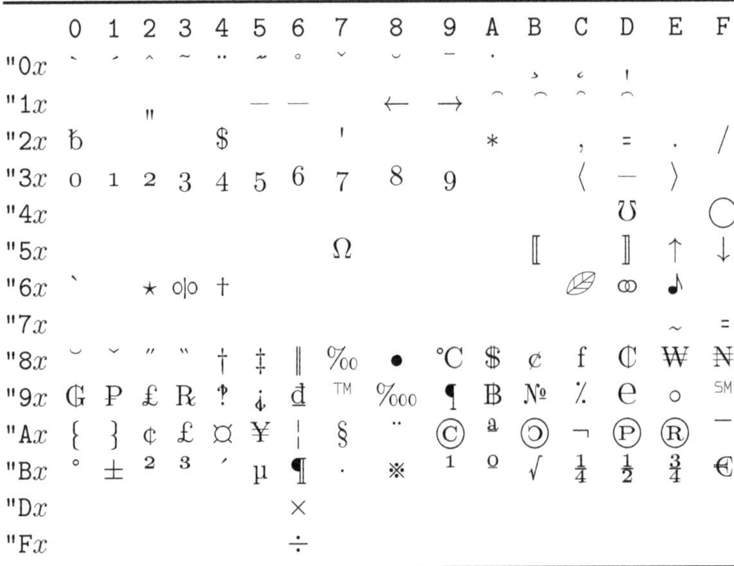

	0	1	2	3	4	5	6	7	8	9	A	B	C	D	E	F
"0x	`	´	^	~	¨	˝	˚	ˇ	˘	¯	˙	¸	˛	‚		
"1x			″			—	—		←	→	⁀	⁀	⁀	⁀		
"2x	␢				$			'			*		,	=	.	/
"3x	0	1	2	3	4	5	6	7	8	9			〈	—	〉	
"4x														℧		◯
"5x								Ω				〚		〛	↑	↓
"6x	`		★	⚮	†								🙞	⚭	♪	
"7x															~	=
"8x	˘	ˇ	″	‶	†	‡	‖	‰	•	℃	$	¢	ƒ	₡	₩	₦
"9x	₲	₱	₤	℞	‽	⸘	₫	™	‱	¶	฿	№	⁒	℮	◦	℠
"Ax	⁅	⁆	¢	£	¤	¥	¦	§	¨	©	ª	🄯	¬	℗	®	¯
"Bx	°	±	²	³	´	µ	¶	·	※	¹	º	√	¼	½	¾	€
"Dx							×									
"Fx							÷									

Tab. E.2: Die Textsymbole (Fonttabelle)

vierte schließlich die gewünschte Konstruktion. Im obigen Beispiel wird ein großes Y mit Zirkumflex definiert. Es kann nach dieser Definition durch `\^Y` benutzt werden.

Bsp. E.2: Vergleich der Akzente für Groß- und Kleinbuchstaben

ÍX́Ú	`\'X\capitalacute{X}\'U`
úx́x́	`\'u\'x\capitalacute{x}`

Tab. E.3: Akzente für Großbuchstaben

X̀	`\capitalgrave{X}`	X́	`\capitalacute{X}`
X̂	`\capitalcircumflex{X}`	X̃	`\capitaltilde{X}`
Ẍ	`\capitaldieresis{X}`	X̊	`\capitalring{X}`
X̋	`\capitalhungarumlaut{X}`	X̌	`\capitalcaron{X}`
Ẋ	`\capitaldotaccent{X}`	X̆	`\capitalbreve{X}`
X̧	`\capitalcedilla{X}`	X̨	`\capitalogonek{X}`

Der Bogen ist ein selten benutztes Akzentzeichen, welches normalerweise zwei Buchstaben miteinander verbindet. In den tc-Schriften gibt es nun auch neue Bögen, die über einem Buchstaben zentriert stehen.

Tab. E.4: Bögen (*Tie accents*)

ı͡ı	`\t{\i\i}`	I͡I	`\capitaltie{II}`
ô	`\newtie{o}`	Ô	`\capitalnewtie{O}`

Die Mediävalziffern sind nunmehr in allen Stilen – kursiv eingeschlossen – vorhanden. Die tc-Schriften enthalten auch den Punkt und das Komma, so dass Dezimalzahlen in Mediävalziffern gesetzt werden können.

0	\textzerooldstyle	1	\textoneoldstyle
2	\texttwooldstyle	3	\textthreeoldstyle
4	\textfouroldstyle	5	\textfiveoldstyle
6	\textsixoldstyle	7	\textsevenoldstyle
8	\texteightoldstyle	9	\textnineoldstyle

Tab. E.5: Mediävalziffern

Die Textsymbole sind Zeichen, die in ihrem Aussehen an die verwendete Schrift angepasst sind. Sie kommen in allen Stilen vor – normal und fett, aufrecht und kursiv, mit und ohne Serifen. Viele Währungssymbole, darunter ein Zeichen für den Euro (€) sind vorhanden. Die serifenlose Form (€) kommt der Standardform des Eurozeichens näher.

Auch andere häufig nachgefragte Zeichen lassen sich hier finden, z. B. das Promillezeichen, ein aufrechtes kleines griechisches My als Vorsatz »Mikro« für Maßeinheiten oder das Markenzeichen™. Freunde von GNU-Software werden das Copyleft-Zeichen 🄯 nützlich finden, während in einer wirtschaftswissenschaftlichen Arbeit das Abzüglichzeichen ⁒ Verwendung finden kann.

0,5 ‰	`0,5\,\textperthousand`
20 µm	`20\,\textmu m`
TeX™	`\TeX\texttrademark`
CERT℠	`CERT\textservicemark`
Ertrag = Umsatz ⁒ Aufwand	`Ertrag = Umsatz \textdiscount\ Aufwand`

Bsp. E.3: Einige Anwendungen der Textsymbole

Gemäß der Konventionen von LaTeX 2_ε beginnen die Befehle aller Textsymbole mit `\text...`, danach folgt ein aussagekräftiger Name. Da diese Befehle ziemlich lang geraten sind, empfiehlt es sich, für oft verwendete Zeichen sinnvolle Abkürzungen zu definieren.

Bsp. E.4: Definition von Abkürzungen

```
\newcommand*\TM{\texttrademark}
\newcommand*\Celsius{\textcelsius}
\newcommand*\Euro{\textsf{\texteuro}}% serifenlos
```

E.5 Alle Textsymbole

$	\textdollar	"	\textquotestraightdblbase
−	\textminus	—	\textthreequartersemdash
←	\textleftarrow	→	\textrightarrow
␢	\textblank	'	\textquotestraightbase
¢	\textcent	∗	\textasteriskcentered
=	\textdblhyphen	⁄	\textfractionsolidus
〈	\textlangle	‒	\texttwelveudash
〉	\textrangle	◯	\textbigcircle
Ω	\textohm	⟦	\textlbrackdbl
℧	\textmho	⟧	\textrbrackdbl
↑	\textuparrow	↓	\textdownarrow
★	\textborn	`	\textasciigrave
⚮	\textdivorced	♪	\textmusicalnote
🍃	\textleaf	⚭	\textmarried
†	\textdied	~	\texttildelow
=	\textdblhyphen	˘	\textasciibreve
‖	\textbardbl	˝	\textacutedbl
†	\textdagger	˵	\textgravedbl
‡	\textdaggerdbl	ˇ	\textasciicaron
•	\textbullet	‰	\textperthousand
℃	\textcelsius	$	\textdollaroldstyle
¢	\textcent	ƒ	\textflorin
₩	\textwon	₡	\textcolonmonetary
₦	\textnaira	₲	\textguarani
₱	\textpeso	£	\textlira
℞	\textrecipe	‽	\textinterrobang
₫	\textdong	⸘	\textinterrobangdown
฿	\textbaht	‱	\textpertenthousand
¶	\textpilcrow	™	\texttrademark
№	\textnumero	⁒	\textdiscount
℮	\textestimated	◦	\textopenbullet
⁅	\textlquill	℠	\textservicemark

}	\textrquill	'	\textquotesingle
£	\textsterling	¯	\textasciimacron
¥	\textyen	¦	\textbrokenbar
§	\textsection	¨	\textasciidieresis
©	\textcopyright	ª	\textordfeminine
ↄ⃝	\textcopyleft	·	\textperiodcentered
℗	\textcircledP	®	\textregistered
¤	\textcurrency	³	\textthreesuperior
±	\textpm	²	\texttwosuperior
°	\textdegree	´	\textasciiacute
µ	\textmu	¶	\textparagraph
¬	\textlnot	※	\textreferencemark
×	\texttimes	º	\textordmasculine
√	\textsurd	¼	\textonequarter
½	\textonehalf	¾	\textthreequarters
€	\texteuro	¹	\textonesuperior
÷	\textdiv		

Zeichensätze

F.1 Überblick

Verschiedene Rechner verwenden für Textdateien – leider – verschiedene Kodierungen. Viele heute verwendete Kodierungen basieren auf ASCII, einer 7-Bit-Kodierung. Sie erweitern ASCII auf 8 Bit und fügen in der oberen Hälfte weitere Zeichen hinzu. Die nationalen 7-Bit-Kodierungen, bei denen einige ASCII-Zeichen durch die örtlichen Sonderzeichen ersetzt wurden (bei der deutschen Version wurden eckige Klammern, Schweifklammern und einige andere Zeichen durch die Umlaute und das scharfe S ersetzt) sind glücklicherweise fast völlig ausgestorben.

Auf IBM-Großrechnern werden immer noch EBCDIC-Kodierungen verwendet. Eine TeX-Implementation auf einem solchen Rechner verwandelt die EBCDIC-Kodierung zunächst in ASCII und arbeitet intern mit ASCII weiter. Dadurch ist sichergestellt, dass die `dvi`-Dateien binär kompatibel sind, gleich auf welchem System sie erzeugt wurden.

Heute setzt sich die Kodierung ISO-10646 (auch als Unicode [Unicode 2003] bekannt) weltweit durch. Es handelt sich um eine Kodierung für alle Schriftzeichen der Welt, wobei die chinesischen Zeichen eingeschlossen sind. Für diese Kodierung werden 16 oder mehr Bits für ein Schriftzeichen gebraucht. Im Zusammenhang mit LaTeX 2_ε ist das Format utf-8 wichtig. Es verwendet Codes mit veränderlicher Länge, wobei die ASCII-Zeichen unverändert bleiben und die Zeichen aus Latin-1 durch zwei Oktette (Bytes) dargestellt werden.

Immer noch weit verbreitet sind die Kodierungen aus der ISO-8859-Familie. ISO-8859-1, auch als Latin-1 bekannt, deckt dabei die Sprachen Nord-, West- und Mitteleuropas ab. Es ist die Grundlage der in `.pdf`-Dateien verwendeten

Kodierung. Diese Kodierung wird im Abschnitt F.3 dieses Anhanges im Detail vorgestellt.

ISO-8859-2 oder Latin-2 deckt die Sprachen Mittel- und Osteuropas ab. Diejenigen Buchstaben, die auch in Latin-1 zu finden sind, haben auch dieselbe Position. Für deutschsprachige Texte macht es daher keinen Unterschied, ob sie als Latin-1 oder -2 interpretiert werden.

ISO-8859-3 oder Latin-3 deckt die Sprachen des Mittelmerraumes und Esperanto ab. Es wird fast ausschließlich für Maltesisch und Esperanto verwendet.

ISO-8859-4 oder Latin-4 deckt die Sprachen des Baltikums und Skandinaviens ab. Es wird für Litauisch, Lettisch, Sami und Grönländisch gebraucht.

ISO-8859-9 oder Latin-5 enthält die türkischen Sonderzeichen anstelle der isländischen Buchstaben und stimmt ansonsten mit Latin-1 überein.

IS0-8859-15 oder Latin-9 enthält im Gegensatz zu Latin-1 auch das französische Œ sowie das Eurozeichen. Wegen der Durchsetzung von Unicode hat es aber keine weite Verbreitung mehr gefunden.

ISO-8859-16 oder Latin-10 enthält die rumänischen Sonderzeichen mit untergesetztem Komma.

Andere 8-Bit-Zeichensätze sind herstellerspezifisch. LaTeX unterstützt eine Auswahl von Codepages (MS-DOS und Windows), Macintosh-Kodierungen, die Next-Kodierung und die Kodierung DEC multinational (OpenVMS).

F.2 Die Anpassung von LaTeX 2_ε an den rechnereigenen Zeichensatz

Das Paket `inputenc` erlaubt die Anpassung von LaTeX 2_ε an den rechnereigenen Zeichensatz. Im Gegensatz zum Rest von LaTeX 2_ε ist dieses Paket noch als »experimentell« gekennzeichnet und kann in späteren LaTeX 2_ε-Verteilungen Änderungen erfahren. `inputenc`

Das Paket `inputenc` geht davon aus, dass auf dem Rechner zumindest der normale ASCII-Zeichensatz zur Verfügung steht. Es ist also nicht für Rechner mit veralteten 7-Bit-Zeichensätzen oder EBCDIC-Zeichensätzen geeignet. Die zu- `inputenc`

ascii	7-Bit-ASCII, keine zusätzlichen Zeichen werden zugelassen
utf8	Unicode in Format utf-8
latin1	Der Zeichensatz ISO-8859-1 für west-, mittel- und nordeuropäische Sprachen
latin2	Der Zeichensatz ISO-8859-2 für mittel- und osteuropäische Sprachen
latin3	Der Zeichensatz ISO-8859-3 für Maltesisch und Esperanto
latin4	Der Zeichensatz ISO-8859-4 für nord- und osteuropäische Sprachen, besonders für Sprachen des Baltikums
latin9	Der Zeichensatz ISO-8859-15 für west- und mitteleuropäische Sprachen, er enthält das Euro-Zeichen und die französischen Buchstaben Œ und œ, die in Latin-1 fehlen
latin10	Der Zeichensatz ISO-8859-16 für Rumänisch und andere süd- und osteuropäische Sprachen
decmulti	DEC *multinational*, eine Kodierung ähnlich Latin-1, wird vom Betriebssystem OpenVMS (VAX und Alpha AXP) verwendet.
cp437	IBM-Codepage 437, wobei die Position 225 als `\beta` (β) interpretiert wird; die grafischen Zeichen werden nicht dargestellt
cp437de	IBM-Codepage 437, wobei die Position 225 als ß interpretiert wird
cp850	IBM-Codepage 850
cp852	IBM-Codepage 852 (Osteuropa)
cp858	IBM-Codepage 858, cp850 um Eurozeichen erweitert
cp865	IBM-Codepage 865
cp1250	Windows-Kodierung (Osteuropa)
cp1252	Synonym für ansinew
cp1257	Windows-Kodierung (Baltikum)
ansinew	Windows-Kodierung (entspricht Latin-1 mit einigen Ergänzungen)
applemac	Macintosh-Kodierung
macce	Macintosh-Kodierung (Osteuropa)
next	Next-Kodierung

Tab. F.1: Standard-Optionen des Paketes inputenc

sätzlich vorhandenen Zeichen werden, soweit dies möglich ist, in LaTeX-Befehle übersetzt. Sollte die Übersetzung eines Zeichens nicht möglich sein, wird eine Warnung ausgegeben.

`latin1jk`	Der Zeichensatz ISO-8859-1 für west-, mittel- und nordeuropäische Sprachen, wobei *alle* Zeichen im Textmodus verfügbar sind
`latin2jk`	Der Zeichensatz ISO-8859-2 für mittel- und osteuropäische Sprachen, wobei *alle* Zeichen im Textmodus verfügbar sind
`latin3jk`	Der Zeichensatz ISO-8859-3 für Esperanto, mittel- und südeuropäische Sprachen, wobei *alle* Zeichen im Textmodus verfügbar sind

Tab. F.2: Zusätzliche Optionen des Paketes `inputenc`

`inputenc`

Die Standard-Optionen des Paketes `inputenc` interpretieren eine Reihe von Zeichen als *mathematische* Zeichen, die im Textmodus oder in der Umgebung `verbatim` verboten sind.

Vom Autor dieses Buches gibt es daher zusätzliche Optionen, die alle Zeichen als Textzeichen behandeln und in Verbindung mit den Text-Symbol-Schriften auch die wortwörtliche Wiedergabe einer entsprechend kodierten Eingabedatei zulassen.

F.3 Der Zeichensatz ISO-8859-1 (Latin-1)

Die folgende Tabelle zeigt den Zeichensatz Latin-1 und die Darstellung aller seiner Zeichen in LaTeX, HTML, X11 (xmodmap) und PostScript. Wenn der LaTeX 2_{ε}-Befehl als `\text...` gegeben ist, dann ist sein Name gleich dem PostScript-Namen mit `\text` voran. So ist etwa der Befehl für das Zeichen > mit dem PostScript-Namen greater `\textgreater`. Zeichen 171 ist eine Trennhilfe (*Soft Hyphen*).

Code	Z.	LaTeX	HTML	X11	PostScript
32				space	space
33	!	!	!	exclam	exclam
34	"	\dq	"	quotedbl	quotedbl
35	#	\#	#	numbersign	numbersign
36	$	\$	$	dollar	dollar
37	%	\%	%	percent	percent
38	&	\&	&	ampersand	ampersand
39	’	’	’	apostrophe	quoteright
40	(	(	(	parenleft	parenleft
41	)	)	)	parenright	parenright
42	*	*	*	asterisk	asterisk
43	+	+	+	plus	plus
44	,	,	,	comma	comma
45	-	-	-	minus	hyphen
46	.	.	.	period	period
47	/	/	/	slash	slash
48	0	0	0	0	zero
49	1	1	1	1	one
50	2	2	2	2	two
51	3	3	3	3	three
52	4	4	4	4	four
53	5	5	5	5	five
54	6	6	6	6	six
55	7	7	7	7	seven
56	8	8	8	8	eight
57	9	9	9	9	nine
58	:	:	:	colon	colon
59	;	;	;	semicolon	semicolon
60	<	\text...	<	less	less
61	=	=	=	equals	equals
62	>	\text...	>	greater	greater
63	?	?	?	question	question
64	@	@	@	at	at
65	A	A	A	A	A

Code	Z.	LaTeX	HTML	X11	PostScript
66	B	B	B	B	B
67	C	C	C	C	C
68	D	D	D	D	D
69	E	E	E	E	E
70	F	F	F	F	F
71	G	G	G	G	G
72	H	H	H	H	H
73	I	I	I	I	I
74	J	J	J	J	J
75	K	K	K	K	K
76	L	L	L	L	L
77	M	M	M	M	M
78	N	N	N	N	N
79	O	O	O	O	O
80	P	P	P	P	P
81	Q	Q	Q	Q	Q
82	R	R	R	R	R
83	S	S	S	S	S
84	T	T	T	T	T
85	U	U	U	U	U
86	V	V	V	V	V
87	W	W	W	W	W
88	X	X	X	X	X
89	Y	Y	Y	Y	Y
90	Z	Z	Z	Z	Z
91	[	[	[	bracketleft	bracketleft
92	\	\text...	\	backslash	backslash
93	]	]	]	bracketright	bracketright
94	^	\text...	^	asciicircum	asciicircum
95	_	_	_	underscore	underscore
96	‘	‘	‘	quoteleft	quoteleft
97	a	a	a	a	a
98	b	b	b	b	b
99	c	c	c	c	c
100	d	d	d	d	d
101	e	e	e	e	e
102	f	f	f	f	f
103	g	g	g	g	g
104	h	h	h	h	h
105	i	i	i	i	i
106	j	j	j	j	j
107	k	k	k	k	k
108	l	l	l	l	l
109	m	m	m	m	m
110	n	n	n	n	n

Code	Z.	LaTeX	HTML	X11	PostScript
111	o	o	o	o	o
112	p	p	p	p	p
113	q	q	q	q	q
114	r	r	r	r	r
115	s	s	s	s	s
116	t	t	t	t	t
117	u	u	u	u	u
118	v	v	v	v	v
119	w	w	w	w	w
120	x	x	x	x	x
121	y	y	y	y	y
122	z	z	z	z	z
123	{	\{	{	braceleft	braceleft
124	|	\textbar	|	bar	bar
125	}	\}	}	braceright	braceright
126	~	\text...	~	asciitilde	asciitilde
160		~		nobreakspace	
161	¡	!‘	¡	exclamdown	exclamdown
162	¢	\textcent	¢	cent	cent
163	£	\pounds	£	sterling	sterling
164	¤	\text...	¤	currency	currency
165	¥	\textyen	¥,	yen	yen
166	¦	\text...	¦	brokenbar	brokenbar
167	§	\S	§	section	section
168	¨	\"{}	¨	diaeresis	dieresis
169	©	\copyright	©	copyright	copyright
170	ª	\text...	ª	ordfeminine	ordfeminine
171	«	<<	«	guillemotleft	guillemotleft
172	¬	\textlnot	¬	notsign	logicalnot
173	-	\-		hyphen	
174	®	\text...	®	registered	registered
175	¯	\text...	¯on;	macron	macron
176	°	\text...	°	degree	degree
177	±	\textpm	±	plusminus	plusminus
178	^{2}	\text...	²	twosuperior	twosuperior
179	^{3}	\text...	³	threesuperior	threesuperior
180	´	\'{}	´	acute	acute
181	µ	\textmu	µ	mu	mu
182	¶	\P	¶	paragraph	paragraph
183	·	\text...	·	periodcentered	periodcentered
184	¸	\c{}	¸	cedilla	cedilla
185	^{1}	\text...	¹	onesuperior	onesuperior
186	º	\text...	º	masculine	ordmasculine
187	»	>>	»	guillemotright	guillemotright

Code	Z.	LaTeX	HTML	X11	PostScript
188	¼	\text...	¼	onequarter	onequarter
189	½	\text...	½	onehalf	onehalf
190	¾	\text...	¾	threequarters	threequarters
191	¿	?‘	¿	questiondown	questiondown
192	À	\‘A	À	Agrave	Agrave
193	Á	\’A.	Á	Aacute	Aacute
194	Â	\^A	Âum;	Acircumflex	Acircumflex
195	Ã	\~A	Ã	Atilde	Atilde
196	Ä	\"A	Ä	Adiaeresis	Adieresis
197	Å	\r{A}	Å	Aring	Aring
198	Æ	\AE	Æ	AE	AE
199	Ç	\c{C}	Ç	Ccedilla	Ccedilla
200	È	\‘E	È	Egrave	Egrave
201	É	\’E	É	Eacute	Eacute
202	Ê	\^E	Êum;	Ecircumflex	Ecircumflex
203	Ë	\"E	Ë	Ediaeresis	Edieresis
204	Ì	\‘I	Ì	Igrave	Igrave
205	Í	\’I	Í	Iacute	Iacute
206	Î	\^I	Îum;	Icircumflex	Icircumflex
207	Ï	\"I	Ï	Idiaeresis	Idieresis
208	Ð	\DH	Ð	Eth	Eth
209	Ñ	\~N	Ñ	Ntilde	Ntilde
210	Ò	\‘O	Ò	Ograve	Ograve
211	Ó	\’O	Ó	Oacute	Oacute
212	Ô	\^O	Ôum;	Ocircumflex	Ocircumflex
213	Õ	\~O	Õ	Otilde	Otilde
214	Ö	\"O	Ö	Odiaeresis	Odieresis
215	×	\texttimes	×	multiply	multiply
216	Ø	\O	&Ostrok;	Ooblique	Oslash
217	Ù	\‘U	Ù	Ugrave	Ugrave
218	Ú	\’U	Ú	Uacute	Uacute
219	Û	\^U	Ûum;	Ucircumflex	Ucircumflex
220	Ü	\"U	Ü	Udiaeresis	Udieresis
221	Ý	\’Y	Ý	Yacute	Yacute
222	Þ	\TH	Þ	Thorn	Thorn
223	ß	\ss	ß	ssharp	germandbls
224	à	\‘a	à	agrave	agrave
225	á	\’a	á	aacute	aacute
226	â	\^a	âum;	acircumflex	acircumflex
227	ã	\~a	ã	atilde	atilde
228	ä	\"a	ä	adiaeresis	adieresis
229	å	\r{a}	å	aring	aring
230	æ	\ae	æ	ae	ae

Code	Z.	LaTeX	HTML	X11	PostScript
231	ç	\c{c}	ç	ccedilla	ccedilla
232	è	\`e	è	egrave	egrave
233	é	\'e	é	eacute	eacute
234	ê	\^e	êum;	ecircumflex	ecircumflex
235	ë	\"e	ë	ediaeresis	edieresis
236	ì	\`\i	ì	igrave	igrave
237	í	\'\i	í	iacute	iacute
238	î	\^\i	îum;	icircumflex	icircumflex
239	ï	\"\i	ï	idiaeresis	idieresis
240	ð	\dh	ð	eth	eth
241	ñ	\~n	ñ	ntilde	ntilde
242	ò	\`o	ò	ograve	ograve
243	ó	\'o	ó	oacute	oacute
244	ô	\^o	ôum;	ocircumflex	ocircumflex
245	õ	\~o	õ	otilde	otilde
246	ö	\"o	ö	odiaeresis	odieresis
247	÷	\textdiv	÷	division	divide
248	ø	\o	&ostrok;	oslash	oslash
249	ù	\`u	ù	ugrave	ugrave
250	ú	\'u	ú	uacute	uacute
251	û	\^u	ûum;	ucircumflex	ucircumflex
252	ü	\"u	ü	udiaeresis	udieresis
253	ý	\'y	ý	yacute	yacute
254	þ	\th	þ	thorn	thorn
255	ÿ	\"y	ÿ	ydiaeresis	ydieresis

Informationsquellen zu LaTeX

G.1 LaTeX im Buchhandel und im Internet

G.1.1 TeXLive

Um LaTeX 2_ε neu auf einem Rechner zu installieren, empfiehlt sich die Verteilung TeXLive. Die TeXLive-Verteilung wird von mehr als zwei Dutzend TeX-Anwendervereinigungen gemeinsam herausgegeben und enthält installationsfertige TeX-Systeme für alle wichtigen Betriebssysteme (Linux, MS Windows, Apple Mac OS X, Free BSD und weitere UNIX-Varianten). Mitglieder von Dante e. V. erhalten die TeXLive-Verteilung mit der Mitgliederzeitschrift. Sie wird aber auch im Buchhandel über Lehmanns Fachbuchhandlungen angeboten.

Wer heute Linux installiert (ganz gleich welche Linux-Distribution), bekommt bereits TeX und LaTeX 2_ε mit einer großen Auswahl an Paketen angeboten. Für die meisten Benutzer ohne spezielle Sonderwünsche reicht diese Auswahl vollkommen.

G.1.2 CTAN

Fast alles, was rund um LaTeX erhältlich ist, lässt sich auf den CTAN-Servern (*Comprehensive TeX Archive Network*), `http://www.ctan.org`, finden. Dort ist es möglich, nach Paketen zu suchen, die Dokumentationen zu lesen und die Pakete dann herunterzuladen. Rückgrat des CTAN sind die Server `ftp.dante.de` in Deutschland, `ctan.tug.org` in den USA und `ftp.tex.ac.uk` in Aston (Großbritannien). Viele weitere Server spiegeln die CTAN-Server jede Nacht.

Im Buchhandel sind CTAN-Abzüge auf CD-ROM oder DVD erhältlich. Diese sollten nicht älter als etwa ein halbes Jahr (Datum des Abzuges) sein.

G.1.3 Andere Web-Auftritte

Die internationale TeX Users Group (TUG) ist im www unter http://www.tug.org zu finden.

In Frankreich befindet sich der LaTeX-Navigator mit interessanten Informationen in englischer, deutscher und französischer Sprache. Er ist unter http://tex.loria.fr/ zu finden.

G.2 Dante e. V.

Dante e. V. ist die »Deutschsprachige Anwendervereinigung TeX«, ein gemeinnütziger Verein mit dem Ziel der Verbreitung und Förderung von TeX. Zweck des Vereins ist die Betreuung und Beratung von TeX-Benutzern im deutschsprachigen Raum. Die Beratung findet sowohl durch elektronische Kommunikation als auch auf dem klassischen Postweg statt. Dante e. V. verteilt ferner Software an seine Mitglieder und gibt Informationen über Neues in der TeX-Welt weiter.

Dante-Mitglieder erhalten die Mitgliederzeitschrift »Die TeXnische Komödie«, die viermal jährlich erscheint. Darin finden sich Ankündungen neuer Pakete, Berichte von TeX-Tagungen, Hintergrundartikel über Typografie und Buchbesprechungen. Der Mitgliederzeitschrift werden von Zeit zu Zeit aktuelle TeX-DVDs beigelegt.

Zweimal pro Jahr finden Dante-Mitgliederversammlungen an wechselnden Orten des deutschen Sprachraumes mit Vorträgen und Tutorien rund um TeX und METAFONT statt.

Dante e. V. unterstützt aktiv die Weiterentwicklung von TeX und LaTeX, etwa indem es den Entwicklerteams Treffen ermöglicht.

Dante e. V. ist der Träger des deutschen CTAN-Servers, auf dem es fast alles rund um TeX und LaTeX gibt.

Zu beachten ist, dass fast alle Arbeit bei Dante e. V. von ehrenamtlichen Helfern geleistet wird. Dadurch kann es auch einmal zu einer kleineren Verzögerung kommen.

Die Anschrift von Dante e. V. ist

Dante e. V.
Postfach 10 18 40
D-69008 Heidelberg

E-Mail: `dante@dante.de`
www: `http://www.dante.de`

Der Mitgliedsbeitrag liegt derzeit bei 15,— € pro Jahr für Schüler, 20,— € pro Jahr für Studierende, Arbeitslose und Rentner sowie bei 40,— € pro Jahr für Privatpersonen. Für Institutionen und Firmen gibt es besondere Tarife.

G.3 Mailinglisten und Newsgruppen

Fragen und Antworten rund um TEX finden sich in der *Mailingliste* `TEX-D-L`. Diese Mailingliste können alle beziehen, die über eine elektronische Postadresse verfügen. Um teilzunehmen schickt man eine E-Mail an `LISTSERV@vm.gmd.de` mit der einen Textzeile:

```
subscribe TEX-D-L "Erika Mustermann"
```

Darauf kommt eine Antwort mit weiteren Instruktionen. Außerdem kommt eine Gebrauchsanweisung der Mailingliste (in englischer Sprache), die man gut aufbewahren sollte. Sie enthält auch die Information, wie man die Liste wieder verlassen kann.

Im Medium USENET News existiert die deutschsprachige Newsgruppe `de.comp.text.tex`, wo ein reger Austausch über LATEX stattfindet. In englischer Sprache wird in der Gruppe `comp.text.tex` geschrieben.

Schlagwortverzeichnis

Sonderzeichen

A

B

D

E

F

G

H

I

J

K

L

M

Q

R

S

T

U

V

W

X

Y

Z

Zahlen

Paketverzeichnis

Literaturverzeichnis

[Chen und Harrison 1988] Pehong Chen und Michael A. Harrison, Index Preparation and Processing, Datei, wird zusammen mit MakeIndex verteilt, CTAN, 1988.

[Downes 2002] Michael Downes, Short Math Guide for LaTeX, Version 1.09, `http://www.ams.org/tex/short-math-guide.html`.

[Forssmann und de Jong 2004] Friedrich Forssman und Ralf de Jong, Detailtypografie, 2. Auflage, Verlag Hermann Schmidt, Mainz, 2004.

[Fukui 2004] Rei Fukui, TIPA Manual Version 1.3, Datei `tipaman.pdf`, wird zusammen mit dem `tipa`-Bündel verteilt, CTAN, 2004.

[Girou 1994] Denis Girou (Hrsg.), PSTricks et Seminar de Timothy van Zandt, Cahiers GUTenberg 16, 1994.

[Goossens et al. 2007] Michel Goossens, Frank Mittelbach, Sebastian Rahtz, Denis Roegel und Herbert Voss, The LaTeX Graphics Companion, 2nd ed., Addison-Wesley Professional, Reading Mass., 2007.

[Goossens et al. 1999] Michel Goossens und Sebastian Rahtz, The LaTeX Web Companion, Addison-Wesley, Reading Mass., 1999 (Deutsche Ausgabe: Mit LaTeX ins Web, Addison-Wesley, München, 2000).

[Gulbins et al. 1992] Jürgen Gulbins und Christine Kahrmann, Mut zur Typographie, Springer-Verlag, Berlin, Heidelberg, 1992.

[Heine 1991] Heinrich Heine, Gedichte, Aufbau-Verlag, Berlin und Weimar, 1991.

[Knuth 1986] Donald Ervin Knuth, The TEXbook, Addison-Wesley, Reading Mass., 1986.

[Kohm 1996] Markus Kohm, Koma-Script – Eine Alternative zu den Standardklassen?, in: Die TEXnische Kommödie 2/1996, Seite 14.

[Lamport 1994] Leslie Lamport, LATEX – A Document Preparation System, Addison-Wesley, Reading Mass., 1994[2] (Deutsche Ausgabe: Das LATEX-Handbuch, Addison-Wesley, Bonn, 1995).

[Mittelbach et al. 2004] Frank Mittelbach, Michel Goossens, Johannes Braams, David Carlisle und Chris Rowley, The LATEX Companion, 2nd ed., Addison-Wesley Professional, Reading Mass., 2004 (Deutsche Ausgabe: Der LATEX-Begleiter, 2. überarbeitete und erweiterte Auflage, Pearson Studium, München, 2005).

[Neugebauer 1996] Gerd Neugebauer, Tafel-Fett, in: Die TEXnische Kommödie 2/1996, Seite 45.

[Pakin 2007] Scott Pakin, The Comprehensive LATEX Symbol List, Datei `symbols.tex`, CTAN, 21 December 2007.

[Patashnik 1988] Oren Patashnik, BIBTEXing, Documentation for general BIBTEX users, Datei, wird zusammen mit BIBTEX verteilt, 1988.

[Raichle 1998] Bernd Raichle, Kurzbeschreibung german.sty und ngerman.sty (Version 2.5), Datei `gerdoc.tex`, wird zusammen mit `german.sty` verteilt, CTAN, 1998.

[Raschid 1994] Fauziya Raschid, Das mutige Kleid, in: Fuad Qa'ud und Fuad al-Futaih, Die Stadt wo man sagt »Das ist wunderschön«, aus dem Arabischen von Petra Dünges, Edition Orient, Meerbusch, 1994.

[Rose 1999] Kristoffer H. Rose, XYpic User's Guide (Version 3.7), Datei `xyguide.pdf`, wird zusammen mit dem Paket `xypic` verteilt, CTAN, 1999.

[Sauthoff et al. 1996] Daniel Sauthoff, Gilmar Wendt und Hans Peter Willberg, Schriften erkennen, Eine Typologie der Satzschriften, Verlag Hermann Schmidt, Mainz, Neuausgabe 1996.

[Tantau 2007] Till Tantau, The beamer class, Manual for version 3.07, Datei `beameruserguide.pdf`, CTAN, 2007.

[Unicode 2003] The Unicode Consortium, The Unicode Standard Version 4.0, Addison-Wesley, Reading Mass., 2003.

[Voß 2008] Herbert Voß, PSTricks – Grafik mit PostScript für TeX und LaTeX, 5. verbesserte und erweiterte Auflage, DANTE e. V. und Lehmanns Media, 2008.

Kolophon

Dieses Buch wurde selbstverständlich mit LaTeX 2ε erstellt. Für die zweite Auflage hat der Autor ein neues, großzügigeres Layout mit breiten Randspalten entwickelt und in einer Dokumentenklasse implementiert.

Text- und Schreibmaschinenschrift in diesem Buch sind aus den ec-Schriften, die vom Autor dieses Buches entwickelt wurden. Als Konsultationsschrift kommt die Schriftfamilie ecbright, eine verbesserte Serifenlose von Walter Schmidt zum Einsatz. Die ecbright wird auch in den Überschriften und den lebenden Kolumnentiteln verwendet.

Wichtige Anregungen für das Layout kamen von dem Buch »Mut zur Typographie« [Gulbins et al. 1992]. Von der

`refman` Klasse `refman` von Hubert Partl und Axel Kielhorn kamen einige Anregungen zur Implementierung.

Zusätzlich zu dieser Dokumentklasse wurden die folgenden Pakete verwendet: `fontenc` mit den Optionen `T4`, `TS1` und `T1`, `textcomp`, `bm`, `tipa` (in einer künstlich abgespeckten Version), `epic`, `eepic`, `fancybox`, `mflogo`, `pifont`, `yfonts`, `relsize`, `verbatim`, `ngerman`, `color`, `graphicx`, `supertabular`, `inputenc` mit der Option `latin1jk`, `booktabs`, `nolbreaks`, `cite`, `oubraces`, `amstext`, `amsopn`, `amssymb`, `amsfonts`, `amsmath`, `euscript`, `mathrsfs`, `mathbbol` mit den Optionen `bbgreekl` und `cspex`, `latexsym`, `colonequals`, `stackrel`, `units` und `ulem` mit der Option `normalem`.

Die TeX-Verteilung war teTeX von Thomas Esser (vom Autor aktualisiert) auf einem Linux-Rechner. Das Schlagwortverzeichnis und das Paketverzeichnis wurden mit Hilfe von MakeIndex erstellt. Die Abbildungen in Kapitel 12 wurden mit latex2html erzeugt und mit html2ps von Jan Kärrman nach PostScript übersetzt.